U0247129

RURAL EVOLUTION THEORY
Process of Chinese Traditional Rural Settlements

乡村
进化论

传统乡村人居空间演进

杨贵庆 著

同济大学 出版社
TONGJI UNIVERSITY PRESS

·上海·

内 容 提 要

本书基于"生产力—空间形态"关系理论,探讨我国传统乡村人居空间演进表象下的客观规律,阐释传统乡村人居空间形态衰败的根本原因,揭示由于生产力变革导致乡村社会结构巨变并深刻影响建立在社会结构基础上的空间形态的本质特征。农业生产力质的飞跃及其带来的社会结构和空间形态的演进,本质上体现了乡村进化的过程。乡村进化论为我国传统乡村人居空间有机更新开拓视野和路径,并为传统村落保护和利用、活化再生的规划设计和建设运营提供理论解释和实践指引。传统乡村人居空间的创造性转化和创新性发展,为乡村新产业、新动能的培育提供物质载体,为促进城乡要素平等交换、双向流动,缩小城乡差别、促进共同富裕和共同繁荣发展提供广阔天地。

本书理论联系实际,图文并茂,通俗易懂,适用于高等学校建筑学、城乡规划、风景园林等相关专业本科生和研究生选读,同时可作为乡村规划理论研究、规划设计、建设管理从业人员参考阅读,亦可作为乡村振兴干部培训读本。

图书在版编目(CIP)数据

乡村进化论:传统乡村人居空间演进 / 杨贵庆著 .
上海:同济大学出版社, 2024. 8. -- ISBN 978-7-5765-1300-4

Ⅰ. TU982.29

中国国家版本馆 CIP 数据核字第 2024RN9716 号

乡村进化论——传统乡村人居空间演进

杨贵庆 著

责任编辑 荆 华 金 言　封面设计 杨贵庆　责任校对 徐春莲

出版发行　同济大学出版社 www.tongjipress.com.cn

　　　　　（地址：上海市四平路 1239 号　邮编：200092　电话：021-65985622）

经　　销　全国各地新华书店

印　　刷　上海丽佳制版印刷有限公司

开　　本　710mm × 960mm　　1/16

印　　张　13.75

字　　数　158 000

版　　次　2024 年 8 月第 1 版

印　　次　2024 年 8 月第 1 次印刷

书　　号　ISBN 978-7-5765-1300-4

定　　价　88.00 元

本书若有印装问题,请向本社发行部调换

版权所有　侵权必究

前　言

　　每当踏勘一些地处偏远、历史悠久但日渐式微的传统村落，笔者不仅为房屋因年久失修而破损不堪的衰败景象忧虑，也对人去楼空的凄凉场景感到无奈。那些昔日规模宏大的高墙深院、张灯结彩几世同堂的繁华盛景，早已随着岁月变迁而沉寂于历史长河。每当在这样的氛围下，"空间的社会性"一词就会激荡于我的脑海。正是由于传统村落空间表象下的大家族社会结构瓦解，使其物质空间表象本身成了"空壳"。也正因如此，传统村落物质空间环境的衰败就不可避免地成为一种普遍现象。

　　空间形态本质上是社会关系的表达。传统乡村人居空间形态是其传统宗族大家庭聚居社会结构的物质呈现。在我国漫长的传统农耕时代和封建社会历史背景下，各地类型多样、丰富多彩的传统村落空间形态，除了遵循当地气候条件和地形地貌之外，主要反映了宗族大家庭内部尊卑、长幼的等级秩序和伦理关系。追求稳定、长久安宁或昌盛的宗族社会理想，必定需要相应的严谨的、具有意义的空间形态秩序支撑，倡导或约束聚居者的日常生活行为。因此，空间形态系统及其背后的社会结构系统是一个有机整体。

　　在空间形态和社会结构这个有机整体背后，起决定性作用的是当时生产力水平及其生产关系的特征。传统村落之所以有当时的辉煌或当下的衰败，究其原因，主要是生产力和生产关系发生了巨变。传统村落空间形态整体特征，反映了传统农耕时代、手工业生产条件下完全依靠劳动力和畜力的较为落后的生产力水平。在机械化和数字化驱动的现代农业生产力全面展开的新历史阶段，生产关系和社会结构必将发生历史性变革，导致传统村落空间形态的维系如无本之木。

本书基于对生产力、生产关系、社会结构和空间形态之间关系的认识，提出"生产力—空间形态"关系理论模型，阐释传统乡村人居空间衰败的历史必然性，揭示由于生产力的变革导致乡村社会结构的巨变并深刻影响建立在社会结构基础上的空间形态的本质特征，即传统村落空间形态的衰败，根本原因是传统农耕时代的生产力发生了巨变。借用"进化论"一词提出"乡村进化论"的观点，即农业生产力质的飞跃及其带来的社会结构和空间形态的演进，本质上体现了乡村进化的过程。

乡村进化论为我国传统乡村人居空间有机更新开拓了视野和路径，并为传统村落保护和利用、活化再生的规划设计和建设运营提供了理论解释和实践指引。以"生产力—空间形态"关系理论为指导，可以发现空间形态的更新和改造，反过来对新的生产力培育和发展具有能动性。通过对传统乡村人居空间的创造性转化和创新性发展，为乡村新产业、新动能的培育提供物质载体，从而为传统乡村人居空间形态重新定义具有鲜明时代特征的新的生产力、生产关系和社会结构，突出传统文化"芯"动能，在城乡要素平等交换、双向流动、互动互促中开拓传统乡村人居空间再生的多元路径，努力为缩小城乡差别，促进共同富裕和共同繁荣发展提供乡村广阔天地，为推进我国乡村全面振兴作出新时代贡献！

同济大学建筑与城市规划学院

教授、博士生导师

2024 年 7 月 27 日

目 录

第 1 章　绪　论

1.1 撰写缘起

写作此书的起因，是 2022 年 12 月笔者在《同济大学学报（社会科学版）》发表了一篇论文，题为《乡村进化：从"生产力—空间形态"关系理论看传统乡村人居空间活态再生》①。在文中，笔者把马克思主义关于生产力与生产关系的基本原理拓展到城乡规划学，尝试建构生产力与空间形态的关系理论，解释我国一些地区传统乡村人居空间环境的普遍衰败现象，并为当下传统村落保护和利用、赓续和再生找到理论依据。由于学术期刊论文的篇幅所限，论述难以展开，文中案例数量也十分有限。因此，在论文发表之后，笔者便有了撰写专著的想法，目的是更加系统、深入地阐述在乡村进化理论下的我国传统乡村人居空间演进的逻辑。

那么，当时为什么会想到要写"乡村进化"这个论题？它既有偶然性，也有必然性。

先说偶然性。

促发写作的动机，主要是 10 集大型纪录片《中国传统建筑的智慧》于 2022 年 1 月在中央电视台开播。这部片子应该说很成功，开播之后又重播。那段时间，笔者每天都在第一时间认真而又激动地观看这个电视节目。可以说，这部纪录片展现了我国各地丰富多彩的民居瑰宝。其中，有以四合院为代表的院落式民居，有规模宏大的家族祠堂，也有因历史上军屯所建的山堡而传承下来

---

① 杨贵庆. 乡村进化：从"生产力—空间形态"关系理论看传统乡村人居空间活态再生 [J]. 同济大学学报（社会科学版），2022，33（6）：66–73.

的村落、村寨。这些传统建筑及其村落的形制和格局，蕴藏着先民针对当时经济、社会和文化等环境的建造智慧，承载着当时的居住使用功能及审美价值。每次节目临近尾声，都有著名建筑专家予以点评，总结归纳其特征和意义。

但是，观看纪录片之后，笔者也产生了另一种感觉：传统建筑及其所在的村落建成环境（Built Environment）整体上处于一种式微的状态和趋势。其中令笔者印象最深的是，大多数传统村落，青壮年劳动力基本上已经走空。越是地处偏远、昔日规模宏大的村落，其衰败的程度也越重。历史上村落的繁华盛景已经难觅，徒留物质的空壳，正等待着进一步的凋敝和消亡。

为什么会出现这样的巨变？传统乡村人居空间如此衰败与"自灭"是其宿命吗？近年来，我国各地通过多种渠道保护修缮传统建筑和村落的努力也不可谓不大，但是总体上看，传统乡村人居空间（包括传统建筑及其村落建成环境）的衰败趋势并没有得到根本遏制，一些地方甚至每况愈下。那么，如何看待这一问题？如何透过其衰败的现象看到问题的本质，从而制定更为有效的对策？针对当前传统村落保护和利用、实施乡村全面振兴的历史性任务，如何更好地拯救和复兴传统村落，开辟具有中国特色的传统乡村人居现代化之路呢？

这些问题激发了笔者长久以来关于传统村落保护和利用的思考。于是，看完纪录片之后笔者就草拟了一个提纲，准备今后研究写作。恰好《同济大学学报（社会科学版）》的编辑发来约稿，经过半年多时间的写作、修改，这篇论文在 2022 年年底正式见刊。

再说必然性。

　　长期以来，笔者对传统村落建成环境及其空间形态的生成和演进等方面的研究怀有浓厚兴趣。传统村落其整体空间环境的协调性、灵动性、独特性等特征，散发出一种深沉而无穷的魅力，蕴含了空间形态设计的丰富基因，是我国当代人居环境规划学科发展的宝藏。笔者想，只要是和设计学科相关的学生，不管是城乡规划学、建筑学，还是风景园林学等学科的学生，都是无法回避学习中国传统村落的。笔者曾于 1984 年考入同济大学建筑系的城市规划专业学习。20 世纪 80 年代前后，学习建筑学和城市规划学等专业的学生，应该都比较熟悉当时发行的一套关于中国传统民居的著作，如《浙江民居》《安徽民居》等，这些著作是那时的畅销书。当时对于传统民居和村落的研究在国内学界形成了一个高潮。虽然在那之后我国城镇化浪潮席卷而来，城市开发和新城规划设计成为学界和业界的主题，但是对传统村落研究的关注就像一颗种子植入了笔者的心田。多年以来，自身在这方面的研习和实践也不断深入。2018 年，笔者主持国家自然科学基金面上项目"乡村聚落空间布局优化理论与规划方法研究——以浙江地区为例"，对浙江省传统村落的思考进一步加深，已发表一些相关的学术论文。此外，这些年笔者还受邀担任浙江省历史文化（传统）村落保护利用重点村规划评审会专家组组长。这个评审会是由"浙江省'千村示范、万村整治'工作协调小组办公室"举办的。2023 年已经是全省第十一批重点村的评审。笔者以组长身份共参加过 8 次，因而有机会更深入地学习和感悟先贤们在优秀传统村落选址和布局上的匠心与智慧。以上经历促成了笔者撰写此方面书籍的念想，并始终萦绕在脑海中。

1.2 研究问题

在我国许多传统农业地区，受到"耕读文化"影响，在几百年，甚至千年家族世代传承的历史过程中，出现了大量优秀的传统村落，积淀了珍贵的历史文化内涵。然而，那些延续至今的传统村落，虽然幸运地避免了各种自然灾害和人为破坏，但如今在农业生产力变革的历史进程中却面临着巨大挑战：传统生产关系在生产力的发展变革下迅速瓦解，在传统生产关系基础上形成的聚居社会关系也相应瓦解，导致过去传统乡村人居空间布局结构和形态也难以支撑新的社会结构。随着村民的大量外迁，特别是年轻一代的"逃离"，原先的村落几乎成了"空心村"。村落设施环境逐渐破败而遭废弃，物质空间已然成为"空壳"。

此外，"破坏性建设、建设性破坏"也在如今乡村建设过程中不断发生。近年来，我国各地通过多种渠道保护修缮传统建筑和村落的努力不可谓不大，一些地方的实践工作取得了明显成效，许多自然衰败和正在消亡的传统村落得到保护和利用。然而，由于种种原因，在保护和利用过程中，传统村落遭遇的人为损坏现象也不容忽视。从总体上看，传统乡村人居空间（包括传统建筑及其村落建成环境）的衰败处境并没有得到遏制。因此，无论是在理论认识层面、规划设计方法层面，还是建造实施过程层面，都存在一些误区，需要加强指导。总体上看，我国传统乡村人居空间的保护和利用面临着严峻挑战。

那么，如何从理论上系统地认识我国传统村落物质空间环境的整体性衰败？传统村落的衰败处境背后是否蕴藏着历史进程的

5

客观推演？如何透过其衰败的现象看到问题的本质，从而认识当今我国传统村落面临再生的必然性和历史性机遇？如何科学把握传统村落再生的规划建设实践，从而制订更为有效的实施策略，努力开辟具有中国特色的传统乡村人居空间演进的现代化之路呢？

笔者深知，要全面回答好上述问题是困难的。但上述问题为本书的写作界定了范畴。本书将尝试以笔者多年积攒的理论认识和实践感悟，围绕上述设定的问题展开讨论。不妥当之处，还请各位方家不吝指正！

1.3　读者对象

首先，本书主要是写给高校城乡规划专业、建筑学专业、风景园林专业等相关专业的本科生和研究生，以及相关学科和交叉学科的学生参考研读的。自 2019 年以来，同济大学城乡规划专业硕士生培养计划中，新设了一门"乡村规划研究"课程，面向建筑与城市规划学院的所有硕士研究生。经城市规划系安排，这门课程由笔者负责，多名教师共同参与。在该门课程的结构安排上，笔者认为它必定要涉及我国传统村落保护和利用规划。不仅要让学生了解我国在这方面规划编制的具体方法、实施保护和利用的法规、规范和政策等内容，更重要的是要让学生从理论上认识传统村落的历史演进特征规律。

其次，这本书也供更多从事我国传统村落保护和利用等相关领域的实践工作者阅读研究。在具体实际操作层面，我国传统村落保护和利用工作正面临理念更新的挑战，亟须建立"创造性转化、创新性发展"的思想观念。只有解放思想、更新观念，才能突破现实工作中的种种困扰，为当今我国全面推进乡村振兴、建设"宜居宜业和美乡村"找到更多实现路径。

最后，从更大的范围来说，这本书也供相关领域的政策制定者、决策者参考阅读，通俗一点的说法就是面向各级领导干部，尤其是县（市、区）域层面的领导。党的十九大报告提出"实施乡村振兴战略"，2017 年 12 月中央农村工作会议提出走中国特色社会主义乡村振兴道路，并清晰划定了乡村振兴战略三步走的时间表和路线图。党的二十大报告提出"全面推进乡村振兴"。我国广袤的乡村已经进入全新的发展阶段，乡村地域的社会经济发展和乡村空间布局正面临新的重大机遇，与此同时也伴随着重大挑战。乡村地域的社会经济发展和空间布局优化需要科学理论指导和优秀范式引导。特别是在理论层面，需要科学认识我国乡村空间布局特征和演进规律。既要尊重我国国情、保护和传承乡村优秀传统文化，又要努力实现保育乡村生态环境质量并促进地方社会经济可持续发展，避免"一刀切"，避免照搬照抄发达国家或发达地区样式，避免"建设性破坏和破坏性建设"的尴尬。我国各地县（市、区）域层面是实施乡村振兴的重要行政管理单元和地理空间单元，在县（市、区）域层面必须综合考虑经济、社会发展阶段和特点，因地制宜，分县（市、区）域施策，将有力有效推进乡村振兴。科学认识县（市、区）域乡村发展规律，是制定好相关政策、精准施策、有效指导乡村人居环境规划建设的重要前提。

考虑到读者群的多样性，本书除了系统阐释理论思考之外，还列举了一些案例图片，使内容阐释更为生动。此外，为了尽可能让读者怀有信心地坚持读完本书，本书在整体上按照科学文献的理性逻辑写就，同时又穿插了感性化的描述，以避免阅读上的枯燥乏味。

1.4　概念界定

为了便于接下来的讨论，这里先定义几个重要的关键词。

1.4.1　传统乡村人居空间

本书书名中"传统乡村人居空间"，是指在我国传统农耕社会背景下发展起来的，具有一定历史文化积淀的乡村聚落，包括传统建筑、村庄及其周边紧邻的生产环境。

在这个定义中，"历史文化积淀"是指村落的发展具有一定的时间阶段。它通常经历过多个不同的历史时期，有着较为丰富或特定的文化特征，包括宗教文化或民俗文化等内容。

"传统建筑"是指不同历史时期的建筑和其他生产、生活设施，如道路、桥梁、水利设施等。

"一定的"是指上述"历史文化积淀"和"传统建筑"相对丰富，数量相对较多，规模较为集中。

"乡村"是指农耕时代下的自然山水和人工环境。在现实行政管理的语境下，"乡村"对应三个空间层次，即乡域、村域、村庄。在本书中，"乡村人居"主要是对应村庄这个空间层次，即建成环境。

它是乡村地域人们相对集中居住生活的场所。

需要指出的是，本书的"乡村人居"，注重以村庄整体空间为研究对象，而非建筑单体。一些村落的重要建筑单体虽然起到村落整体空间的控制作用，但是它们仍然是通过村落整体空间环境来发挥作用。

上述"传统乡村人居"的定义中使用"聚落"一词。由于受到传统农业社会生产力条件的限制，我国传统乡村人居空间形态整体上呈现出一种空间边界相对明晰的居住生活单元，可称之为"聚落"。

"聚落"是指在特定生产力条件下，人类为了定居而形成的相对集中并具有一定规模的住宅建筑及其空间环境，和英文 settlement 相对应[①]。

在"聚落"的定义中，"定居"是指有别于人类早期在畜牧业时代游牧民族的居住状况。当农业从畜牧业分工出来，定居成为聚落发展的起始。此外，"相对集中"和"一定规模"有别于分散和零星的住宅建筑。在人类定居发生的早期，聚落多以血缘或族缘的关联而具有一定的规模并且聚居在一起，成为一种防卫和族群繁衍的支撑。

在"聚落"的定义中，"特定生产力条件"是聚落存在的历史时代背景。如果说现代住宅区是工业革命之后机器生产条件下可大规模建造、以居住功能为主的城市人居环境类型的话，那么，"聚落"就是指在传统农业社会背景和手工业生产条件下小规模

① 杨贵庆. 我国传统聚落空间整体性特征及其社会学意义 [J]. 同济大学学报（社会科学版），2014（3）：60-68.

建造的人居环境类型。

由于传统农业社会背景下生产力水平相对落后，受工程技术条件限制，难以对地形地貌施以很大改变，且建造取材主要依赖当地，手工建造难以规模化复制，因此，"聚落"在空间布局和形态上，因地制宜，显示出丰富的地域性、多样性特征。我国许多地区长期处于农业社会的历史背景，造就了不同地域丰富多样的聚落空间形态。这些各具特色的"聚落"，在学术和相关政策领域，也同义于"传统村落"。

1.4.2　传统村落

本书行文中使用了"传统村落"一词，其学术概念与上述"聚落"一致，即"在传统农业社会背景和手工业生产条件下小规模建造的人居环境类型"[①]。

在本书的语境下，"传统村落"可与上述"传统乡村人居空间"等同使用。二者相比，"传统乡村人居空间"的面更广，而"传统村落"作为一种优秀的传统乡村人居空间被"命名"，例如"中国传统村落"，它具有相应的运用范畴和政策对应。2012年，《住房城乡建设部、文化部、国家文物局、财政部关于开展传统村落调查的通知》（建村〔2012〕58号）中对"传统村落"定义为："村落形成较早，拥有较丰富的传统资源，具有一定历史、文化、科学、艺术、社会、经济价值，应予以保护的村落。[②]"其中，传统村落

---

① 杨贵庆.我国传统聚落空间整体性特征及其社会学意义 [J].同济大学学报（社会科学版），2014（3）：60–68.
② 杨贵庆，戴庭曦，王祯，等.社会变迁视角下历史文化村落再生的若干思考 [J].城市规划学刊，2016（3）：45–54.

又划分为三大类：①传统建筑风貌完整的村落；②选址和格局保持传统特色的村落；③非物质文化遗产活态传承的村落。

在我国有些省份，传统村落还以"历史文化村落"来表述。例如，浙江省农业农村厅开展的"历史文化（传统）村落保护和利用"工作。浙江省在《关于加强历史文化村落保护利用的若干意见》（浙委办〔2012〕38 号）中，把历史文化（传统）村落分为古建筑村落、自然生态村落和民俗风情村落三种主要类型①。

在本书的语境下，诸如"传统村落""历史文化村落""历史文化名村""历史村镇""乡村聚落""聚落""古村落"等一系列名词也包含在"传统乡村人居空间"定义范畴内。此后的行文中也会出现这些词语的兼用，但它们总体上都表达"传统乡村人居空间"这一概念的内涵。

此外，在本书文献综述和讨论过程中，虽然也涉及国外的一些案例，但本书主要还是以中国的社会经济环境为主，讨论的是关于中国传统乡村人居空间演进的思考。

---

① 《关于加强历史文化村落保护利用的若干意见》中历史文化（传统）村落的三种类型分别为：①古建筑村落，是指现存古民宅、古祠堂、古戏台、古牌坊、古桥、古道、古渠、古堰坝、古井泉、古街巷、古会馆、古城堡等历史文化实物和非物质文化遗产比较丰富和集中，能较完整地反映某一历史时期的传统风貌和地方特色，具有较高历史文化价值的村落。②自然生态村落，是指"古代以天人合一理念为基础，村落选址、布局、空间走向与山川地形相附会，村落建筑与自然生态相和谐，农民生产生活与山水环境相互交融，自然生态环境、特种树木以及相应村落建筑保护较好的村落。③民俗风情村落，是指根据特定民间传统，形成有系统的婚嫁、祭典、节庆、饮食、风物、戏曲、民间音乐舞蹈、工艺等非物质文化遗产，传统的民俗文化延续至今，为当地群众所创作、共享、传承，并有约定俗成的民俗活动的村落。虽然在现实中某一种类型的村落难以同时具有如此丰富的内涵，或者上述三种类型的内涵之间可能具有某些交叉，但是这样的分类有助于加强对历史文化村落保护利用工作的指向。

1.4.3 乡村进化

本书研究的立论"乡村进化"，是指乡村在历史演进过程中其生产力、生产关系、社会结构和空间形态整体上所发生的一系列质的变化。借用达尔文关于自然界生物"进化论"一词，"乡村进化"反映了乡村从传统农耕时代向现代社会迈进的过程。由于农业生产力水平发展的变革而带来的农村生产关系的变化，必定会在一定程度上影响村民所聚居的空间环境。乡村的这种社会结构和物质功能的变化，在生产力水平发生重大变革的时代，乡村也将发生质的飞跃。因此，本书通过建构"乡村进化论"这一解释性理论，系统而深入地分析传统乡村人居空间演进特征，从而为传统乡村人居空间的保护和利用、赓续和发展提出建设性观点。

此外，本书中支撑"乡村进化"的关键论证是"'生产力—空间形态'关系理论"，这一概念及其内涵，将在本书第 2 章中重点阐释。

1.4.4 乡村文化和乡村人居文化

"乡村文化"是一个比较宽泛的概念，是基于乡村自然地理特征、经济发展水平、社会民俗传统等而形成的关乎乡村人文精神的整体认识。"乡村人居文化"是针对乡村的人居活动而言，即以乡村生产、生态和生活"三生"空间为本底，围绕乡村居住活动而形成的人文特征的整体认识。

一般来说，"乡村人居文化"的表现形式主要是通过非物质或物质方式呈现的，例如方言、地方民俗、戏曲、服装和饮食特点、历史人文、民间传说、建筑风格、村庄风貌等。非物质方式的呈现离不开各种类型的物质载体。"乡村人居文化"与物质空间之间存在千丝万缕的联系，这也体现出通过物质空间视角来辨析和传承乡村人居文化的必要性。

1.4.5　乡村空间

"乡村空间"是一定地域范围内村民日常生产生活的物质领域和载体。广义地看，"乡村空间"包括乡村的生产空间、生活空间和生态空间，即所谓的乡村"三生"空间。狭义地看，它主要是指村民以聚居生活为目的的村庄（村落），以及邻近用来农业生产的场地、设施。

1.4.6　布局优化

"布局优化"，是指对乡村人居的功能及其空间进行更好地配置和安排。在本书语境下，对"布局优化"的讨论也适当扩展到对乡村空间的生产、生活等资源要素进行合理、有效配置，以满足乡村地域新的生产力和生产关系的变化演进等方面。

1.5　文献回溯

正如前述关键词的定义，本书研究对象"传统乡村人居空间"包含"传统村落""历史文化村落""古村落""聚落"等，而关于这方面的研究，一直以来是建筑学、城乡规划学和风景园林学等学科的"经典"领域。特别是从 1978 年改革开放后，我国学者的相关研究蓬勃而起。

学术界大量的相关研究文献出现于 20 世纪 80 年代后。特别是 20 世纪 80 年代中后期，基于各地民居调查，学术界出版了一系列地方民居调查研究的专著，例如《浙江民居》《安徽民居》等经典作品，形成了我国民居建筑学研究的一个热点。

20 世纪 90 年代初，我国建筑界对传统村落的研究开始出现文化人类学方面的探索，关注其空间表象后的文化含义。例如，东南大学王文卿在《民居调查的启迪》一文中指出："在新疆、云南、浙江、安徽、江苏等地调查时，发现村落中的民居建筑……具有明显的共同点，却面目各异，通常把这些差异现象宏观地归结于地理气候、环境位置的影响，文化类型（宗教、民族）的影响和文化传播的影响。"他把聚落空间的特征要素与文化内涵相联系，指出各地村落的进口处都有类似标志性建筑物，或桥、亭，或阁、楼，或牌坊、塔，或广场，等等。这不仅是村落的标志，而且是人们共有的一种意识的反映，如皖南民居村落的"高阳桥"，反映了村落兴旺发达的意识……村落的总体结构是人们所共有的一种意识，一种观念和一种文化现象[1]。

20 世纪 90 年代后，我国建筑学界对传统村落的研究广度和深度进一步加大。例如，彭一刚从聚落的形成过程研究其景观环境的特征，指出由于各地区气候、地形环境、生活习俗、民族文化传统和宗教信仰的不同，导致了各地村镇聚落景观的不同[2]。魏挹澧等针对湘西城镇和风土建筑进行系统研究，指出"村落形态是

---

① 王文卿. 民居调查的启迪 [J]. 建筑学报，1990（4）：56–58.
② 彭一刚. 传统村镇聚落景观分析 [M]. 北京：中国建筑工业出版社，1994.

广义的自然、经济、文化因素共同作用的结果"，并分为"河溪、路径、街巷"三个方面阐释村落形态的总体布局结构①。仲德昆在"徽州古建筑丛书"《渔梁》前言中指出："徽州古代村落的聚落选址、整体布局、水系结构以及民居单体的结构、空间和建筑材料的选用，均体现了依山就势、因地制宜、相地构屋和就地取材的基本思想"，"徽州古代村落民居是社会生活的物质载体，具有深刻的社会学内涵"，并指出研究的目的是对它们的环境、社会和文化背景以及设计手法进行科学分析和研究，作为当代建筑创作的参考和借鉴②。

在同一时期，中国民居学会组织全国各地专家学者针对我国传统民居开展了广泛深入研究。从 1991 年至 1997 年出版的五辑相关主题的会议论文专辑《中国传统民居与文化》，收录了全国各地参会学者的研究成果。学者们从不同角度，结合地方气候条件、地域文化和民族文化对中国传统民居建筑形态进行分析，对传统民居建筑的形成和发展进行了深入研究③。

关于古村落、单个村等整体系统的研究成果层出不穷。例如，刘沛林对我国历史文化村落的选址、布局、意境追求和景观建构等方面进行了深度研究，指出"天人合一"和"人与自然"的朴素思想在"和谐的人聚环境空间"建设中的重要作用，并将我国古代村落划分为"原始定居型、地区开发型、民族迁徙型、避世

---

① 魏挹澧，方咸孚，王齐凯，等.湘西城镇与风土建筑[M].天津：天津大学出版社，1995.
② 东南大学建筑系，歙县文物管理所.渔梁[M].南京：东南大学出版社，1998.
③ 陆元鼎.中国传统民居与文化——中国民居学术会议论文集[M].北京：中国建筑工业出版社，1991.

迁居型和历时嵌入型"五个基本类型，提出建立"中国历史文化名村"保护制度的构想[①]。李秋香基于我国 10 个较为典型的历史文化村落，从历史、文化、经济和行政管理的视角，开展大量乡土建筑的调查，综合研究村落的特征和建筑风格[②]。孙大章系统梳理了我国传统民居的建筑历史发展脉络和类型特征[③]。单德启从传统民居地域文化的发展演进，论述了传统民居建筑再生的途径和方法[④]。陈志华等研究指出"聚落是在一个比较长的时期内定形的，这个定形过程蕴含着丰富的历史文化内容"[⑤]。

我国学术界对于传统村落空间研究方法在进入 2000 年后有了新的突破，即采用计算机模型方法，对聚落空间所处的地形地貌环境和民居建筑布局相互关系进行分析。例如，龚恺等编撰的一系列"徽州古建筑丛书"中的《晓起》，研究者把早期对传统村落地形地貌空间分析的理论构想，通过计算机建模的分析方法更为清晰和直观地表现出来，试图反映当时生产力条件下聚落建造所达到的工程技术造诣[⑥]。计算机建模方法的运用，提升了将聚落整体作为一个单元进行研究的水平。

随着我国城镇化进程加速，传统村落受到区域经济社会发展的影响，其村落空间形态也开始发生剧烈变化，学术界开始从区域经济、城镇化和可持续发展的视角研究我国传统村落空间结构

① 刘沛林 . 古村落：和谐的人聚空间 [M]. 上海：上海三联书店，1997.
② 李秋香 . 中国村居 [M]. 天津：百花文艺出版社，2002.
③ 孙大章 . 中国民居研究 [M]. 北京：中国建筑工业出版社，2004.
④ 单德启 . 从传统民居到地区建筑 [M]. 北京：中国建材工业出版社，2004.
⑤ 陈志华，楼庆西，李秋香 . 新叶村 [M]. 石家庄：河北教育出版社，2003.
⑥ 龚恺 . 晓起 [M]. 南京：东南大学出版社，2001.

的变迁。例如，李立选取我国经济、文化要素发达的江南地区乡村聚落作为研究对象，对其内涵与特征进行全面剖析[①]。他以乡村变迁为主线，试图再现这一地区乡村聚落演变的历史脉络，探索其演化的主导动力和运作机制，挖掘各种现象之下的规律性和真实性，为促进乡村聚落可持续发展提供理论基础和现实策略。

在此期间，学术界关于传统村落保护、设计与可持续发展方面的研究成果也不断涌现。例如，刘森林围绕村落市镇景观的要素构成、处理手法、建构系统、人居观念与聚居模式等进行整理和深入分析，也涉及村落市镇景观变迁的社会机制和控制[②]。

传统村落社会经济结构的特征和成因，一直以来也是社会学领域研究的范围。早在 20 世纪 30 年代，费孝通先生在伦敦大学研究院撰写的博士学位论文《江村经济》，就是选取了江苏吴江县的案例，从乡村社会生活的细节，全方位调查记录了农村生产生活的内容，成为我国传统村落空间表象下社会学考察的经典文献[③]。此后，费先生的《乡土中国》等研究，更是通过对中国基层传统社会的系统考察，对乡村社会生活的各个方面作了记录和分析[④]。

在一些研究中，建筑学和城乡规划学把传统村落空间特征和社会内涵进行对照研究，取得了新的突破。例如，《晓起》的研究中加入了"江氏晓起派族谱"内容，对族谱内重要人物和"龙灯"

① 李立. 乡村聚落 形态、类型与演变：以江南地区为例 [M]. 南京：东南大学出版社，2007.
② 刘森林. 中华聚落：村落市镇景观艺术 [M]. 上海：同济大学出版社，2011.
③ 费孝通. 江村经济：中国农民的生活 [M]. 南京：江苏人民出版社，1986.
④ 费孝通. 乡土中国 [M]. 北京：北京出版社，2005.

象征意义等社会学要素进行了讨论，反映了我国对传统村落空间成因研究的新进展①。又如，刘森林从社会机制和控制的视角，深入分析了我国明、清、民国不同时期地方政府、乡绅、商贾等对聚落空间的影响，研究指出："历史上对乡村建设和管理的探索未曾中断，社会不同阶层和力量以各自不同的方式参与其中，由于传统村落的发展以依托于自身资源为主，而乡镇又是农业社会维系社会稳定和发展等资源的基础。即便是王朝更迭，亦能较快修复和保持相对稳定，呈现出明显的内生性特点。②"再如，有的研究针对传统村落空间整体性特征及其社会学意义，以及社会变迁视角下历史文化村落再生开展较为深入系统的理论阐释和实践探索③④。关于"空间"和"社会关系"的作用，法国社会学家列斐伏尔论述道，空间是社会关系的存在，空间不仅是社会关系发生的媒介，也是社会关系和行为的产物⑤。本书基于生产力与生产关系的理论分析，也可以得出相同的观点，即生产力决定生产关系，生产关系建构了相应的社会关系，进而，社会关系需要相应的空间关系来承载⑥。空间关系本质上是社会关系的物化诠释。近来具有开拓性意义的定量研究得以证实，传统村落的空间结构与其家

---

① 龚恺.晓起[M].南京：东南大学出版社，2001.

② 刘森林.中华聚落：村落市镇景观艺术[M].上海：同济大学出版社，2011.

③ 杨贵庆.我国传统聚落空间整体性特征及其社会学意义[J].同济大学学报（社会科学版），2014（3）：60-68.

④ 杨贵庆，戴庭曦，王祯，等.社会变迁视角下历史文化村落再生的若干思考[J].城市规划学刊，2016（3）：45-54.

⑤ LEFEBVRE H. The Production of Space[M]. Cornwall: Blackwell Publishing, 1991.

⑥ 杨贵庆，关中美.基于生产力生产关系理论的乡村空间布局优化[J].西部人居环境学刊，2018，33（1）：1-6.

族社会之间具有相互关联性①。

随着国家新型城镇化规划发展战略的实施，加上近年来新农村建设、美丽乡村建设，在国家实施乡村振兴战略、推进乡村全面振兴等新时代背景下，传统乡村人居空间更成为研究热点之一。国家层面把传统村落保护和利用的工作提升到生态文明的新高度②③。在国家资助的科研领域，对乡村优秀传统文化保护和利用研究的支持力度也是空前的。例如，2018 年国家社会科学基金重大项目招标的文件中，就列出了专门项目"乡村振兴背景下我国农村文化资源传承创新方略研究"。针对传统村落保护和利用的创造性转化、创新性发展，学界也形成了大量研究成果。其中，有从我国乡村文化资源的创造性保护与传承方面进行的探讨④，也有在变迁语境下对乡村文化可持续发展路径选择的探讨⑤。此外，学术界对于乡村人居文化的空间保护、传承和转化的积极利用的探索不断受到更多关注⑥⑦⑧。

总之，学术界关于我国传统落研究的成果如雨后春笋，层出不穷，关注"传统乡村人居""传统村落"等相关的文献不胜枚

① 杨贵庆，蔡一凡 . 浙江黄岩乌岩古村传统村落空间结构与家族社会关联研究 [J]. 规划师，2020，36（3）：58-64.
② 仇保兴 . 生态文明时代的村镇规划与建设 [J]. 中国名城，2010（6）：4-11.
③ 夏宝龙 . 美丽乡村建设的浙江实践 [J]. 求是，2014（5）：6-8.
④ 赵燕 . 我国乡村文化资源的创造性保护与传承 [J]. 大舞台，2013（4）：254-255.
⑤ 吕效华 . 变迁语境下农村文化可持续发展路径选择 [J]. 科学社会主义，2014（1）：81-84.
⑥ 常青 . 第一届豪瑞奖亚太区金奖：杭州来氏聚落再生设计 [J]. 世界建筑，2016（12）：42-45+136.
⑦ 杨贵庆，开欣，宋代军，等 . 探索传统村落活态再生之道——浙江黄岩乌岩头古村实践为例 [J]. 南方建筑，2018（5）：49-55.
⑧ 罗德胤 . 乡土聚落研究与探索 [M]. 北京：中国建材工业出版社，2019.

举①②③。不仅有国内研究者辛勤耕耘，而且国外学者的研究成果也不断地被介绍到国内④⑤。总体来看，学术界的研究从起初专注于传统村落民居建筑单体测绘、结构和材料研究，发展到对传统民居建筑美学、建筑文化、建筑空间群体、村落街巷空间、村落总体布局、村落生态环境等研究，从民居建筑向传统村落整体空间结构扩展，从自然地理气候的影响因素向民族文化、地方文化、社会结构、社会制度等方向扩展，内涵不断深化，外延不断扩大。学者们希望探寻千百年来传统村落表象魅力的原因以及表象之下的社会经济和文化发展的成因，不断深入揭示其发展规律。

诚然，传统村落的保护利用和再生发展已成为我国乡村人居环境规划和建设的重要内容之一。传统村落反映了特定时期社会、经济、文化和建造技术的特征，其空间模式不仅记录了人类定居生活对于自然环境适应或改造的智慧，而且也承载了居住集体行为下人们的社会关系和制度信息。因此，传统村落空间类型是一定历史时期生产力和生产关系的综合反映，具有丰富的社会学意义。常青院士等指出："它们十分完整地保存着千百年来积淀下来的环境适应经验，历史文化信息以及风俗民情，是与地脉环境

① 杨贵庆.从"住屋平面"的演变谈居住区创作 [J]. 新建筑，1991（2）：23–27.
② 杨贵庆.我国传统聚落空间整体性特征及其社会学意义 [J]. 同济大学学报（社会科学版），2014（3）：60–68.
③ 张兵.城乡历史文化聚落——文化遗产区域整体保护的新类型 [J]. 城市规划学刊，2015（6）：5–11.
④ 原广司.世界聚落的教示100[M]. 于天祎，刘淑梅，马千里，译.北京：中国建筑工业出版社，2003.
⑤ 藤井明 聚落探访 [M]. 宇晶，译.北京：中国建筑工业出版社，2003.

融为一体的风土生态系统。^①"可以说，传统村落是我国城乡建成遗产中的瑰宝，是我国人居环境历史演进中承载文化、传承文明的"活"的样本。

随着传统农业社会生产力发生质的飞跃，相应的农业社会生产关系也发生了巨大变革。加之工业化加速了城市形态的演进，由机器大工业主导的规模化、标准化生产，加剧人口向更高层级的城市集聚。现代技术广泛运用于农业生产，使现代农业生产力和生产关系呈现出与传统农业社会完全不一样的社会形态，也促成了传统乡村人居空间加剧演进。总体来看，在当下中国，乡村的人地关系发生了根本变化。

与大量美学、建筑学和风景园林学等研究文献相比，学术界从城乡规划学和社会学交叉研究的视角对我国传统乡村人居空间演进分析的文献相对较少。城乡规划学是"揭示城乡发展规律并通过规划途径实现城乡可持续发展的学科"^②。因此，本书试图从"生产力—空间形态"关系理论出发，以城乡规划学空间分析的视角，通过提炼归纳我国传统乡村人居空间布局和形态的整体性特征，分析这些特征表象下的社会学意义，更为深入地认识它们存在的社会本质，理解其空间特征表象背后的生产力发展的动力机制，及其紧密相关的生产关系和社会结构的影响。这为我国传统乡村人居空间的活化和再生利用提供一种新的理论视角，为传统村落保护和利用的规划设计与建造实践提供创新理论和方法

---

① 常青，沈黎，张鹏，等.杭州来氏聚落再生设计 [J]. 时代建筑，2006（2）：106-109.

② 杨贵庆.城乡规划学基本概念辨析及学科建设的思考 [J]. 城市规划，2013, 37（10）：53-59.

指引。

本书的创新视角在于：基于生产力和生产关系的经典理论，通过创新建构"生产力—空间形态"关系理论，阐释基于传统农业生产力而生的传统乡村人居空间衰败的历史必然性，揭示由于农业生产力的变革导致乡村社会结构的巨变并深刻影响建立在社会结构基础上的空间形态的本质特征。借用"进化论"一词提出"乡村进化"的观点，称之为"乡村进化论"。

提出"生产力—空间形态"关系理论的目的，是要提高对当前我国传统乡村人居空间更新改造、推进乡村振兴的认识水平。这将有助于提高对我国乡村在新的生产力和生产关系的作用下实施乡村振兴战略的理论认识，解放思想。在此基础上，本书尝试提出在当前我国建构新型城乡关系下传统乡村人居空间的功能再生与有机更新的建议。本书的目的，还在于为我国实施乡村振兴战略背景下各地开拓传统村落保护和利用的创新道路提供参考。

1.6 本书结构

本书主体分为 5 章，各章的主要内容与逻辑关系如下。

第 2 章提出"生产力—空间形态"关系理论并阐释其意义。以马克思主义关于生产力生产关系基本原理为基础，把这一理论运用于城乡规划学，建构"生产力—空间形态"关系理论的分析模型，从而奠定下文解释传统乡村人居空间演进的理论基础。

第 3 章是关于传统乡村人居空间形态早期特征的论述。从我国农耕时代早期生产力水平及其生产关系和空间形态的特征说起，深入阐释传统乡村人居空间形态的社会结构及其社会语义，特别是在我国长期封建社会制度下，宗法制度对传统乡村人居空间形态营造所起到的控制作用。研究指出：传统乡村人居的"合院"空间形态是其社会结构的最优解，它巧妙地综合了物质空间与精神空间的需求。虽然在不同自然生态环境或社会环境下，"合院"的空间形式会发生演变，但是"合院"所表达的场所精神成为空间的灵魂。

第 4 章系统阐释传统乡村人居空间衰败的根本原因。研究指出：生产力变革使人们在生产中结成的关系发生改变，农业生产力的变革发展导致农村剩余劳动力不断涌现，大量农村人口"离土离乡"，使传统乡村社会结构瓦解。一方面，工业化生产方式和高效率彻底"打败"农村传统手工业；另一方面，工业化促进城镇化发展，又加速吸纳大量农村剩余劳动力，在这"一推一拉"的过程中，崛起的大城市规模集聚效应"打败"传统乡村人居的生产、生活供给水平。同时，科学技术发展促进交通工具和交通方式变革，在市场成为要素配置主导的加速进程中，乡村交通区位的弱势不断显现。再加上城市现代化生活的宜居水平和对年轻人就业发展机会的供给，使乡村被城市远远地"甩"在了后面。

第 5 章提出了关于"乡村进化"的命题。"乡村进化"是本书希望阐释的核心理论价值，即要从乡村进化的视角来看待当今我国传统乡村人居空间的巨变。当乡村经济功能和社会结构发生巨变时，空间形态只有与之相互匹配，才能继续适应新的要求；反之，将被"抛弃"而衰败。为了保护和利用传统村落，就必须为传统乡村人居空间重新"定义"生产力、生产关系和社会结构。

同时，给予传统乡村人居空间重新赋能的生产力，应当具有鲜明的时代特征。在当今我国城镇化发展阶段，必须从"城乡融合"的视角促进传统乡村人居空间的高质量发展。

第 6 章以"创造性转化、创新性发展"的思想为指引，阐释传统乡村人居空间"活化再生"之道。再回到"生产力—空间形态"关系理论，以此指导传统乡村人居空间的规划建设，重新定义新的农业生产力、生产关系和乡村社会结构。以具有鲜明时代特征的生产力方式重新赋能传统乡村人居空间的"再生产"。以传统村落积淀的优秀传统文化为灵魂，运用"文化经济"思想指导传统村落保护和利用，从而达到传统乡村人居空间的历史性与现代性共生的目标。最后，以浙江省历史文化村落保护利用实践成果为案例，进一步阐释传统乡村人居空间再生的有效方法。

全书以第 1 章为绪论；第 2 章为理论统领；第 3—5 章展开分析论证；第 6 章作为创新实践的路径指导；第 7 章为归纳总结，展望今后的发展（图 1-1）。

行文至此，就作为绪论的结束。接下来，就让我们从第 2 章开始，开启一场关于传统乡村人居空间演进探讨的学术之旅吧！

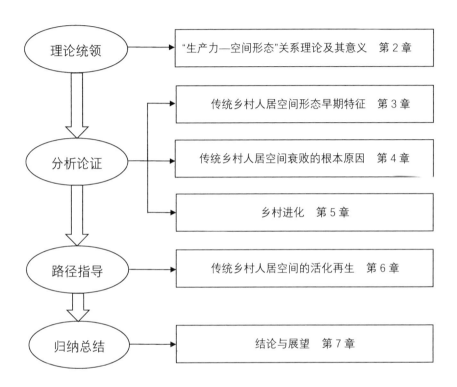

图 1-1 本书结构

第 2 章　"生产力—空间形态"关系理论及其意义

马克思主义关于生产力生产关系之辩证关系的基本原理告诉我们：生产力决定生产关系，生产关系对生产力具有反作用。本章把马克思主义的这一基本原理应用于城乡规划学，建立生产关系和社会结构乃至空间形态的联系。通过分析"生产力""生产关系""社会结构"和"空间形态"的相互作用关系，提炼出"生产力"与"空间形态"二者的关联性，从而提出"生产力—空间形态"关系理论及其模型结构，并为以"生产力—空间形态"关系理论解释传统乡村人居空间演进奠定理论基础，以此揭示传统乡村人居空间形态演进的本质特征。

2.1 从马克思主义关于生产力生产关系基本原理说起

2.1.1 生产力与生产关系的关系

一般认为，生产力是指人类在生产过程中获得人类需要的物质资料的能力。它反映了在一定历史阶段人类征服自然、改造客观物质世界并获得自身发展的水平。

生产力包括劳动者、生产资料和劳动对象三个要素。其中，劳动者是从事生产的人的统称。在传统农业社会，劳动者指从事农业劳动的村民。生产资料是劳动者主体在生产过程中用来改变或影响劳动对象（即客体）的一切物质资料和条件。劳动对象是劳动者的生产活动所施加影响的物质对象。在传统农业社会，生产资料主要是生产工具，而劳动对象主要是指耕作的田地。可以看到，在生产力的组成要素中，劳动者的能力水平（生产经验和劳动技能）是根本因素，而生产资料的技术水平是十分关键的要素。当劳动对象基本不变或缓慢改变的情况下，劳动者的素质水平及其所运用的生产工具成为衡量生产力水平的重要指标。

生产关系是人们在生产过程中形成的人与人的相互关系。对于物质资料的生产、交换、分配和消费等过程中确定的关系，反映了生产资料所有制的性质，以及人们在生产过程中的地位和相互关系，反映出对物质资料占有、分配和消费的特征和模式。

马克思辩证唯物史观认为生产力决定生产关系的产生、生产力的性质决定生产关系的性质①。简言之,生产力决定生产关系,生产力的水平决定生产关系的状况和形式。

同时,马克思主义认为,生产关系对生产力发展具有反作用。生产关系反过来推动或影响甚至约束生产力发展水平。当生产关系满足生产力发展要求时,生产关系将有力推动生产力发展,反之,将阻碍生产力的发展。马克思主义关于生产力与生产关系的辩证关系见图 2-1。

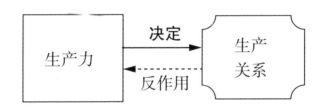

图 2-1 生产力与生产关系的辩证关系

资料来源:杨贵庆.乡村进化:从"生产力—空间形态"关系理论看传统乡村人居空间活态再生 [J].同济大学学报(社会科学版),2022,33(6):67.

那么,对于传统农业社会来说,生产力与生产关系是怎样的情形呢?传统农耕时代的生产力主要是靠人力和畜力,刀耕火种,农业生产力水平十分低下,抵御自然灾害的能力低,防范人为灾害(主要是来自外部的掠夺)的能力弱。传统农耕社会落后的生产力水平,决定了乡村社会人们落后的生产方式和小规模、抱团互助的生产关系,从而确保人们满足基本的生存、繁衍的需求。人类要达到生存和繁衍的目的,必须合理分工、互助联合。尤其

---

① 马文保.现状与问题:马克思"生产力与生产关系的关系"思想研究 [J].兰州学刊,2017(1):89-94.

是以血缘和亲缘关系为纽带的大家族（宗族）形成一个整体，形成相互信任、相互依赖、抱团互助的生产关系，才能更适合族群的生存和发展。

2.1.2　生产关系对社会结构的影响

基于马克思主义生产力和生产关系的理论，我们将其延伸至生产关系和社会结构的认识。马克思指出："社会关系和生产力密切相连。随着新生产力的获得，人们改变自己的生产方式，随着生产方式即谋生的方式的改变，人们也就会改变自己的一切社会关系。①"

在这里，我们把马克思所说的"社会关系"用更为形象化的"社会结构"一词来表达。如果以生产力与生产关系的辩证关系作为基础，那么，在生产关系基础上所形成的劳动者及其家庭的社会关系，就自然形成了其相应的结构。我们把这一结构称为社会关系结构，简称为"社会结构"。建立这一概念的作用，可以在"生产关系"和"空间形态"之间建立一个分析的纽带。虽然社会结构源于生产关系结构，但是它不仅反映生产关系中的劳动者关系，而且还反映劳动者的带眷关系、家庭组织和特定的地方宗族关系等特征。

"社会结构"是"社会关系"的抽象形式。不同的社会关系具有各自不同的社会结构。建立"社会结构"的概念对于本书的论述十分重要，因为它不仅承接"生产关系"向"社会关系"的

---

① 中共中央马克思恩格斯列宁斯大林著作编译局.马克思恩格斯选集（第1卷）[M].
北京：人民出版社，1995：141–142.

转化，而且对于"空间形态"的转换也至关重要。"社会结构"往往通过恰当的、合乎逻辑的方式予以物质化呈现，而这种呈现的结果，就成为特定的"空间形态"。

现在我们来分析生产关系与社会结构的关联。

首先，"生产关系"约定"社会结构"。人们在特定生产力条件下形成的人与人之间的关系，为顺利达成生产目的起到积极的作用。而在生产过程中，如果无法达到预定的生产目的，即无法获得人们的需要，则人与人之间的关系将会调整而不断适应。在相对稳定的外部条件下，如果生产力水平也相对稳定，则生产关系也趋于稳定。稳定的生产关系不仅在生产过程中发挥作用，而且也将反映到日常社会生活中，形成稳定的社会关系，因而就形成相对稳定的社会结构。值得一提的是，生产关系对社会结构的影响是一种"约定"性的，而不是"决定"，这是因为生产关系对社会结构的影响，还受到社会制度、宗族力量、宗教信仰、个体能力等多种因素的反馈。

其次，"社会结构"反过来将调整"生产关系"。这是因为社会结构中的个体能力一旦发生较大变化，将影响社会关系的契约，并且将反馈到生产关系的组成方式。换言之，社会结构不是一成不变的。斗转星移，之前的青壮年逐渐衰老，新生代兴起，劳动者个体的贫富、强弱等发生变化，社会结构会通过外部条件或劳动者个体自身能力和角色的变化而发生改变，这种改变必定会影响到生产关系的稳定性，从而对原先的生产关系加以调整。

上述"生产关系"与"社会结构"的辩证关系示意见图 2-2。

例如，在我国传统农业社会，"社会结构"不仅包含家族内

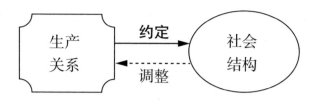

图 2-2　生产关系与社会结构的关系示意

资料来源：杨贵庆.乡村进化：从"生产力—空间形态"关系理论看传统乡村人居空间活
态再生 [J].同济大学学报（社会科学版），2022，33（6）：67.

部以血缘、亲缘关系所形成的尊卑、长幼、男女等角色和地位，
而且还包括在农业生产过程中因贡献大小而形成的权力和地位（如
占有生产力要素的多寡），以及为宗族争取到外部资源和机会的
能力所形成的权力和地位（如在外做官或经商等影响力大小）。
上述的各种权力和地位所构成的社会结构和秩序，都将反过来影
响生产关系中各种角色的调整和重塑，影响大家族生存和竞争的
能力。

2.2　把生产力生产关系原理应用于城乡规划学

2.2.1　空间表象之下的动因

城乡规划学是关于城乡物质空间发展的问题揭示、规律认识，
并通过规划干预使其可持续发展的一门学科。城乡物质空间是城
乡规划学科的主要工作对象。然而，物质空间的问题及其规律，
不是物质空间表象本身所决定的，而是空间表象下的社会、经济
和文化等多因素综合作用的结果。对于本书研究的对象，传统乡
村人居空间，需要我们透过其发展、繁盛及其衰败的表象，看到

其演进的深层次原因。因此，运用生产力生产关系原理，从生产力生产关系及其社会结构的视角，揭示传统乡村人居空间演进的本质，应当是积极的理论探索。

如果要把生产力生产关系原理应用于城乡规划学来研究传统乡村人居空间，那么就需要进一步拓展上述关于生产力、生产关系、社会结构的分析，建立"社会结构"与"空间形态"的关系。这样，才能从传统乡村人居空间演进的物质表象背后，揭示其社会结构、生产关系和生产力变化的本质。

2.2.2 社会结构与空间形态的关系

基于马克思主义生产力和生产关系的理论，以及生产关系与社会结构的关联，我们进一步将其拓展至社会结构和空间形态的关系分析。

首先，社会结构"奠定"空间形态。社会结构是空间形态的基础，特定的社会结构只有通过相应的空间形态才能较好地表达特定的社会关系。如果没有特定的社会结构作为内核，再美的空间形态也只能停留在单纯美学的层面，是空泛的、苍白的，是一种物质的"空壳"，最终只是一种"摆设"。反之，具有特定社会结构内涵的空间形态，即便在表象上存在某些缺陷，但它也是具有生命力的、有意义的。

其次，空间形态"支撑"社会结构。社会结构的表达需要空间形态来呈现，特定的空间形态成为特定社会结构的物质载体，成为一种"支撑"。如果空间形态不能恰当反映社会结构的内涵，那么社会结构语义的表达将会产生错觉、误读，那样的话，在空

33

间中所发生的活动行为就可能会偏离社会结构的价值，也无法使社会关系的表达发挥作用。"精彩"的空间形态，应该完美诠释所要表达的社会结构，两者互为因果、浑然一体。我国许多优秀传统村落中有很多精妙的空间形态，准确地反映了当时家族的社会结构和社会意志。

上述"社会结构"与"空间形态"的辩证关系，可以通过图2-3示意。

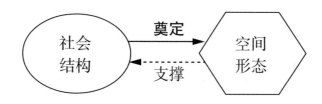

图2-3 社会结构与空间形态关系示意

资料来源：杨贵庆.乡村进化：从"生产力—空间形态"关系理论看传统乡村人居空间活态再生 [J].同济大学学报（社会科学版），2022，33（6）：67.

在我国传统农业社会，不论是一开始祖居的聚落，还是后代分支的迁徙所形成的聚落，其空间形态都反映了特定的社会秩序。尽管空间形态在不同地形、地貌和气候的影响下有所变化，但是空间形态在整体格局上蕴含了特定的社会语义[1][2]。换言之，传统农耕时代族居的社会结构通过特定的空间形态来呈现和支撑。反过来，空间形态的结构和秩序，又为反映相应的社会结构并约束人们在空间中的活动行为起到了积极作用。

---

[1] 杨贵庆.我国传统聚落空间整体性特征及其社会学意义 [J].同济大学学报（社会科学版），2014（3）：60–68.

[2] 杨贵庆，蔡一凡.传统村落总体布局的自然智慧和社会语义 [J].上海城市规划，2016，（4）：9–17.

2.3   "生产力—空间形态"关系理论的模型建构

2.3.1   从生产力到空间形态的线性关系

基于上述"生产力—生产关系""生产关系—社会结构"和"社会结构—空间形态"两两的关系分析，可以建构从"生产力"到"空间形态"的线性关系，如图 2-4 所示。

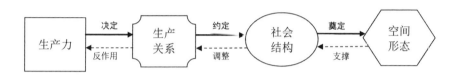

图 2-4   生产力—空间形态关联示意

资料来源：杨贵庆 . 乡村进化：从"生产力—空间形态"关系理论看传统乡村人居空间活态再生 [J]. 同济大学学报（社会科学版），2022，33（6）：67.

从图 2-4 中，可以形象地看到"生产力"通过"生产关系"和"社会结构"对"空间形态"产生影响。以此，我们不难理解在特定生产力条件下人们采取怎样的方式定居，会产生怎样的空间形态。这一认识，对我们理解人类在不同生产力发展阶段的定居方式和空间形态具有帮助。

为了进一步揭示"生产力"对"空间形态"的决定作用，我们将图 2-4 线性排列的方式加以转换，从而形成一个类似"菱形"的结构模型（图 2-5）。

2.3.2   "生产力—空间形态"关系理论模型

我们把图 2-5 表述的关系称之为"生产力—空间形态"关系

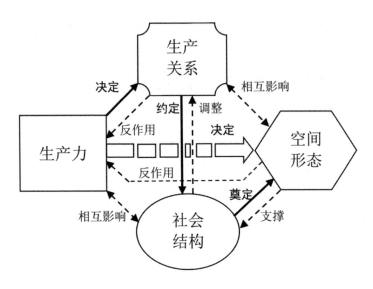

图 2-5 "生产力—空间形态"理论模型

资料来源：杨贵庆.乡村进化：从"生产力—空间形态"关系理论看传统乡村人居空间活态再生[J].同济大学学报（社会科学版），2022，33（6）：67.

理论模型①。图中，黑实线箭头表达"生产力决定生产关系、生产关系约定社会结构、社会结构奠定空间形态"的逻辑；虚线单向箭头表达"空间形态支撑社会结构、社会结构调整生产关系、生产关系反作用于生产力"的逻辑。

此外，双向虚线箭头表示二者之间在特定的情况下直接产生相互影响。

此图的重点是，在"生产力"与"空间形态"之间连接一个双线的导向箭头（位于图中间的从左向右），以此建立"生产力"和"空间形态"的联系，更为直接地反映"空间形态"变化的深

---

① 杨贵庆.乡村进化：从"生产力—空间形态"关系理论看传统乡村人居空间活态再生[J].同济大学学报（社会科学版），2022，33（6）：66-73.

层次原因,即"生产力"的变革发展对"空间形态"的变化起到决定性作用。它揭示了由于"生产力"的变革发展对"空间形态"的变化起到直接作用。

相应地,遵照矛盾论的基本原理,"空间形态"对"生产力"也具有反作用:"空间形态"除了通过"社会结构"和"生产关系"的影响对"生产力"施加影响外,还可直接产生"诱导"或"触媒"的反作用(位于图中间从右向左的折虚线),为新产业、新动能的培育营造提供物质载体。这一认识,为传统乡村人居空间更新改造提供了理论依据。

2.4 以"生产力—空间形态"关系理论解释传统乡村人居空间演进

2.4.1 传统乡村人居空间的生成

为了对传统乡村人居空间演进展开论述,我们把"生产力""生产关系""社会结构"和"空间形态"这几个关键词代入传统乡村人居空间的语境,分别称为:乡村传统农业生产力、乡村传统农业生产关系、乡村传统社会结构,以及传统乡村人居空间,如图 2-6 所示。

从人类历史发展进程的角度看,农业与畜牧业分离,促进了人类住的行为的定居化。"定居"促进聚落的形成和发展,形成各个历史时期、在不同地域和生存条件下的传统乡村人居空间。乡村传统农业生产力的水平相对落后,主要依靠人力、畜力,其主要目的是维持生存和繁衍。因此,落后的农业生产力水平要求人

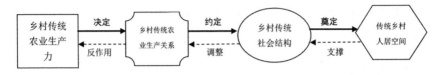

图 2-6 乡村传统生产力—传统村落空间形态关联示意

资料来源：杨贵庆．乡村进化：从"生产力—空间形态"关系理论看传统乡村人居空间活态再生[J]．同济大学学报（社会科学版），2022，33（6）：67．

们"抱团"发展、互相支撑。以血缘和家族关系为纽带的群居方式，最能够达到这种目标，还能起到团结抵御外部侵犯的作用。乡村传统农业生产关系由此形成，并反映在"聚族而居"的空间形态上。在传统农业社会这种因聚族而居形成的村落，无论是在平原地区，还是在山地环境，只要具有合适定居的条件，都可能存在。

因此，传统农耕时代落后生产力条件下的乡村社会结构是紧密的。"聚居"不仅使血缘关系、亲缘关系得以支撑，而且也是生产力水平的反映和生产关系的要求。只有"聚居"这样的生产方式和生活方式，才能使生产力发挥其最优水平，并能够使生产关系最恰当地体现生产力水平。

根据"生产力—空间形态"关系模型得出：传统乡村人居环境的"空间形态"，是其相应"社会结构"的物质表象。换言之，传统乡村社会结构是支撑传统村落空间形态的内核。

2.4.2 传统乡村人居空间的演进

乡村农业生产力水平决定其生产关系，并构成乡村社会关系结构的总体特征，进而形成相应的村落空间形态。在传统农业社会生产力保持基本稳定的状态下，乡村社会的生产关系、社会结构和空间形态也随之保持着相对稳定的状态，并且沿着既有的、可预见的趋势不断成熟、稳固，空间形态所表达的人文性也不断丰富、深化。

一旦传统农业生产力水平发生根本性变革，它也将带来一系列改变。传统乡村生产关系、社会结构以及相应的空间形态也随之改变。这是因为，当传统农业生产力发生质的变化，传统农业生产关系也"不再适应"新的生产力发展。如果我们把新的生产力称之为"现代农业生产力"，那么，现代农业生产力也将对应"现代农业生产关系"。如果还一味地保持原有"传统农业生产关系"的格局，那么"现代农业生产力"将无法获得"解放"。换言之，如果要充分发挥"现代农业生产力"成效，那么"传统农业生产关系"就必须改变。相应地，随着"现代农业生产关系"的建立，受"传统农业生产关系"影响的"传统乡村社会结构"，也不再适应"现代农业生产关系"的变化。进一步地，受"乡村传统社会结构"影响的"传统乡村人居空间"，也难以适应"乡村现代社会结构"。上述的分析过程，可以参见图 2-7。

如图 2-7 最右侧所示，当传统乡村人居空间不再适应当下"乡村现代社会结构"，那么既有的传统乡村人居空间将如何优化？这是"新的乡村空间"需要进行的"求解"，也是本书后面要着重论述的部分。

从"生产力"和"生产关系""社会关系"及其"空间形态"关联性分析的思路，可以认为，不同时期乡村人居空间形态是其特定社会生产力发展水平阶段的反映，农业生产力变革对乡村社会结构和空间形态的影响是根本性的、难以抗拒的。

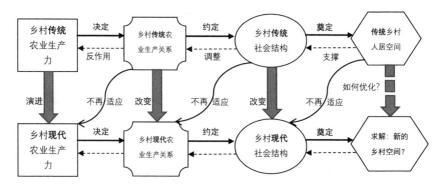

图 2-7　乡村传统农业生产力向现代农业生产力演进的关系效应示意

资料来源：杨贵庆，关中美.基于生产力生产关系理论的乡村空间布局优化 [J]. 西部人居
环境规划，2018，33（1）：3.

2.5　小结

　　本章从"生产力"和"生产关系"之辩证关系原理出发，进一步将之推及"社会结构""空间形态"的分析，建立了"生产力—空间形态"的关系理论模型。这一模型是关于"生产力"和"空间形态"的关系逻辑，因此，从原理上讲，这一理论模型可以运用于包括城市和乡村人居空间形态演进的分析，而本书将之运用于分析传统乡村人居空间的演进。

　　当我们把这一理论模型应用于传统乡村人居空间演进研究，就可以得出：传统乡村人居空间形态的衰败，其根本原因是传统农耕时代的生产力发生了巨变。在当今我国乡村的农业生产力水平发生质的飞跃的新阶段，过去在传统农业生产力水平下形成的传统乡村人居空间正面临"何去何从"的严峻挑战。

　　只有从生产力生产关系之辩证关系的原理出发，才能准确把握传统乡村社会结构及其空间形态的演进规律，从而创新探索我国传统乡村人居空间活化再生的"新动力"，开展相应的创新规划和实践途径。这一认识为阐明中国传统乡村人居空间的演进提供了理论依据。

第3章　传统乡村人居空间形态早期特征

在上一章阐释"生产力—空间形态"关系理论的基础上，本章着重论述我国传统乡村人居空间形态的早期特征。从我国农耕时代早期较为落后的农业生产力状态下的生产关系说起，论述在特定社会结构下的空间形态特点，阐释其空间布局中所蕴含的系统性思维和整体性特征，以及空间形态表征下的社会学意义。对早期农耕时代聚落空间形态表征进行分析，了解在特定表象后面的成因机制，认识先民在落后生产力条件下对生产关系、社会结构所采取的恰如其分、因地制宜的空间"求解"。研究进一步指出，传统乡村人居的"合院"空间形态是其社会结构的"最优解"，它巧妙地综合了物质空间与精神生活的需求。

3.1 农耕时代早期生产力水平及其人居空间形态

3.1.1 人类早期定居生活的目的和需求

传统农耕时期的生产力水平发展状况决定了传统乡村生产关系、社会结构及其空间形态的总体特征。在人类历史发展进程中，当农业取代畜牧业成为主要生产方式，人类社会就进入了定居的时代。传统农业生产方式是最初定居生活的重要基础。无论处于什么样的地理区位，只要具备耕种收获的条件，都可以适合人类定居和繁衍。换言之，不论在平原地区、丘陵地区，还是在山地，只要具备农作物生长条件，就可以满足先民开展生产生活需要。在特定的历史时期，山地、丘陵地区相比平原地区具有其他某些要素的优势，比如它具有更加隐蔽、安全和防卫的地形地貌条件，更具有获得山溪作为饮用水的重要条件。在今天看来交通区位条件十分落后的山地村落环境，而在传统农业时代，并不显示出交通区位的弱势；相反，它对于族群繁衍生息，更具有安稳性。传统农业社会下的聚落空间分布总体上是均质的。在我国广袤大地上，只要适合传统农业的生产方式，就存在相应的聚落。

那么，人类早期定居生活的目的和需求是怎样的呢？

首先，人类早期定居的第一要著是生存和繁衍。只要有洁净且持续的水源、适度规模的田地、充足的光照和适宜的通风，以及能避开各种自然灾害侵袭的场地等主要物质条件，那么，这些场地就有可能成为人类定居的选址。其中，洁净的、持续的水源是生命维系的基础，人不可一日无水；田地和充足的光照是粮食赖以生长的依靠，而"适度规模"的田地，针对的是聚落的既有人口规模以及考虑今后繁衍子孙、人口规模壮大的需要；适宜的通风是指聚落的风环境能满足人居的健康要求；此外，防范各种自然灾害的能力也是定居所必须考虑的。可以说，那些能延续至今百年甚至千年的传统村落，至少在定居选址方面都反映出先民高超的智慧，这也是民间所谓"风水"理论蕴含的朴素科学原理。

其次，人类定居的生存和繁衍的目的，必定和生产活动密切相关。传统农业生产力水平相对落后，在早期阶段，主要是"刀耕火种"。从采用初步加工的工具开展"石器锄耕"，到铁器时代之后采用"铁犁牛耕"，农业耕种过程主要依赖劳动力和牲畜。受到生产力水平的限制，传统农业生产主要表现为从自然环境中直接获取食物，包括种植、养殖等。除此之外，没有更多其他选择。

因此，在这样的生产力条件下，生产场地与居住地的"邻近性"成为空间形态的主要特征。为了符合当时落后生产力条件下的农业生产活动需求，耕作等生产空间与村民定居点的距离适中，确保劳动力和畜力每天合理地往返，进行有效的耕作劳动。此乃为"日出而作，日入而息"的场景写实。因此，耕地处于村落点周围合理的耕作半径范围内[1]。

从整体上看，传统乡村人居空间形态的布局呈现出与传统农业生产力水平相应的特征。一方面，在宏观区域层面，无论是平原地区还是山地丘陵，聚落的布局呈相对分散状态，聚落之间的关联性不强。聚落的分布与更大区域的交通联系并不密切，也无

---

[1]　杨贵庆，蔡一凡.传统村落总体布局的自然智慧和社会语义 [J].上海城市规划，2016（4）：9-16.

太大必要；另一方面，单个聚落呈现出生产与生活紧密联系、空间边界清晰、空间组织有序的人地和谐共生的关系。

3.1.2 农耕时代早期聚居空间形态范式："住屋平面"[①]

聚居是人类在定居状态下的生产与生活行为。人为了最基本的生存和繁衍发展需要，不得不"凿户牖以为室"，寻找庇护、休憩与生衍场所，这是最原始的安全需求（图3-1）。但是在定居以后，聚居的内涵有了明显的发展，可归纳为以下三个方面。

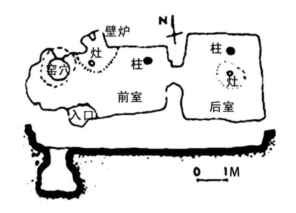

图 3-1　西安龙山文化遗址房屋平面示意

资料来源：杨贵庆.从"住屋平面"的演变谈居住区创作 [J].新建筑，1991（2）：24.

第一，由聚居生活本身的基本内容（衣、食、住）所构成的居住活动。其空间场所包括居室（睡眠休息）、厨房灶间（吃）、家庭工艺作坊、（农）工具房、便坑（排泄），洗浣使用的浅流、

---

① 杨贵庆.从"住屋平面"的演变谈居住区创作 [J].新建筑，1991（2）：23-27.

河滩、石桥，以及产品交换的集市等。

　　第二，为获得生产、生活资料而进行的一系列生产活动。这是聚居行为的重要组成内容之一。其空间场所包括与房宅毗邻的耕地、家养牲畜的栏圈和堆放农具和粮食的宅院。这个时期（开始定居之后），房宅与耕地是相邻的。"田舍"一词反映了传统农耕时代人们的普遍认识，即生产耕种的"田"地与其毗邻的屋"舍"是融为一体的（图 3-2）。

图 3-2　少数民族村寨布局

资料来源：李长杰.桂北民间建筑[M].北京：中国建筑工业出版社，1990：242.

　　第三，维持和发展聚居生活的社会秩序所需要的社会活动。其主要内容涉及宗教信仰、礼仪等范畴，包括紧密联系家族成员关系、支撑聚居社会结构运行的一系列活动，例如，祭祖、婚丧娶嫁、各种庆典场所，等等。其空间场所体现在由普通单体房宅所围合的公共祠堂、祖庙和祭拜神佛的公共场所，甚至包括家族共有的先民墓葬地。社会活动的空间表达，也会延展至大家族房宅内部的厅堂，通过空间秩序表达家族内部尊卑、男女合和长幼的等级秩序（图 3-3）。

图 3-3　福建安海镇星塔后村平面（局部），1988 年

资料来源：杨贵庆.从"住屋平面"的演变谈居住区创作 [J].新建筑，1991（2）：24.

上述三种基本活动类型，是传统农业社会聚居活动空间形态的共性特征。我们且用"住屋平面"一词表达这一空间形态范式（图3-4）。

可以看到，"住屋平面"是一个广义平面的概念，它超越了单体住宅房屋建筑平面本身，涵盖了人类早期在传统农耕时代生产力水平下的聚居生活的几乎全部内容。因此，它又是一个综合

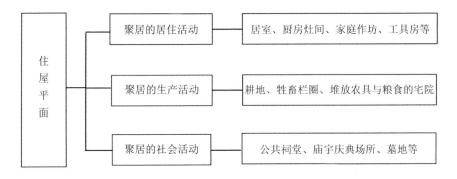

图 3-4　"住屋平面"的构成示意图

资料来源：杨贵庆．从"住屋平面"的演变谈居住区创作 [J].新建筑，1991（2）：24.

的概念。建立这一概念的作用，使我们把传统农业生产力背景下的聚落空间形态作为一个整体来看待。这对于我们今天传统村落保护和利用具有指导意义，即应该把传统村落作为一个整体对象看待，不仅是在空间形态上作为一个整体，而且在"社会—空间"系统上也是一个整体。尽管在不同地区，因气候、自然地理条件不同，聚落空间及其房宅建筑的具体形式各有特征，但作为聚居生活的基本内涵和本质内核，始终没有消失，在历史演进过程中，它们会在新的生产力发展阶段，在新的生产关系和社会结构下展现出不同的空间形态。

3.2　传统乡村人居空间布局的系统性思维

在传统农业生产力条件下，传统乡村人居空间布局具有系统性思维的特征。它主要体现在"安全防灾的系统性思维""生存资源可持续获得的系统性思维"，以及"传承繁衍生命过程的系统性思维"三个方面 ①。

3.2.1 安全防灾的系统性思维

（1）避免自然地质灾害

一个传统村落的选址最为基础的思考莫过于"安全"这一原则。即考虑工程地质、水文地质、地形地貌、气候条件等对生产和生活的安全性和适宜性，从而能够避免山体塌方、水流冲沟、山洪侵袭等自然灾害。特别是防洪的考虑，成为考验一个传统村落是否可以安全、长期延续的重要标准。在先民的建设实践中，未能抵御自然地质灾害的冲击而被整体破坏的村落没有能够传承下来，而能够有幸传承至今的传统村落，至少在抵御自然灾害侵袭这方面经受住了时间的考验。因此，传统村落关于安全选址的朴素智慧，值得当代人学习。

然而，违背这一基本原则的现象在当今我国一些地区村庄建设过程中仍然发生。虽然如今我们编制村庄规划过程中必须考虑"建设用地评定"，村庄建设选址必须考虑"适宜建设"或"适建区"等要求，但是由于认识上的不足或侥幸心理，村庄建设仍然忘却了"选址安全"这一基本原则。例如，2008年汶川地震，由于选址不当，一些新建村民房屋、"农家乐"等，被塌方的山体土石"包饺子"似的掩埋。又如，2016年夏天，我国不少地区发生严重的洪涝灾害，不少在行洪区域内的新建村庄受到侵害。20世纪50年代大兴水利设施、建造水库大坝所预留的限制建设的泄洪区

---

① 杨贵庆，蔡一凡.传统村落总体布局的自然智慧和社会语义[J].上海城市规划，2016（4）：9-16.

和行洪通道，由于半个多世纪没有发生安全隐患，人们似乎早已忘却了防灾的警惕性，陆续在行洪区内建设房屋，而一旦突发灾害村民人身和财产安全损失将会十分惨重。在反思灾害的过程中，当代人应该学习传统村落的朴素智慧，要加强对新建村庄选址安全这一基本原则的认识，而不是只要有空地都可以建设。

（2）治水防洪和理水排涝

虽然传统村落的选址需要避开洪水灾害的直接冲击，但是村落的生产生活又无法远离水源，这使传统村落的总体布局特别关注"理水"。理水是一个系统思维，既需要防范水患，又需要利用水源。在安全防灾方面，理水主要指治水防洪和疏水排涝。传统村落的治水防洪通常与农业灌溉有机结合形成系统思维。著名的四川都江堰水利工程是这方面的杰出代表，它是区域水系布局的典型范例。安徽渔梁坝五百多年来为渔梁传统村落的繁荣发展奠定基础，它既保障农田灌溉，又保证村落内的地下水位稳定。对水网地区传统村落的治水防洪，通过外河、内河、水闸调节、水网相连、疏浚河道等综合方法，保障了生产、生活用水的安全，形成了独特的水网地区传统村落的空间格局。

山区传统村落的总体布局理念与理水排涝的理念也几乎一致。在耕地十分有限的条件下，山区村庄的选址不得不靠近山体。傍山而聚居，除了必须避免洪水的冲击而选址于相对的高地外，同时还要防止强降雨形成的山体汇水对聚落的侵袭。在这样的情况下，聚落在空间布局方面一般设置顺着山坡纵向的若干次要街巷，沿巷设置排水明渠（沟），可将山体汇水迅速引导出村落至低处的河溪，这样可以在强降雨时迅速排水而避免形成涝灾。图3-5

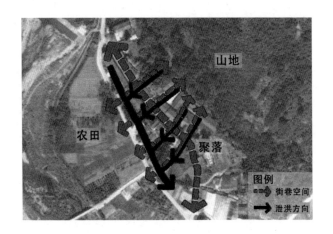

图3-5　浙江黄岩西部山区屿头乡沙滩村街巷与沟渠排水的一致性

资料来源：作者绘制

是浙江黄岩西部山区屿头乡沙滩村老街片区总体布局中的街巷结构，反映出理水排涝的智慧。它通过街巷一侧的明沟形成泄洪通道，以避免山体雨洪灾害的影响。因此，可以看到，分洪、分流、因势利导、综合利用等方法，成为传统村落总体布局中治水防洪和理水排涝的重要智慧。

然而，治水防洪和理水排涝这一朴素的智慧，如今却被一些地区乡村建设忽视了。也许是受益于现代工程机械的便利和排水管网敷设，一些村庄更多依赖排水管网而不太关注利用自然地形地貌特征。受限于管网管径以及垃圾堵塞等，遇到强降雨时管网排水能力不足，往往还是会造成涝灾。

（3）蓄水防旱和储水消防

传统村落总体布局中对于蓄水防旱和储水消防也可谓匠心独运。在传统农耕时代生产力水平十分落后的条件下，聚落难以通过有效手段防止大面积和长时间的干旱，不能像今天这样可以通

图 3-6　安徽歙县唐樟村口展宽的水渠

资料来源:[日]茂木计一郎.天井的居住空间[J].住宅建筑,1986(3):25.

过水库建设、区域用水调节和人工降雨等方法克服旱灾。但是,先民在日常生活中积累了一些实用方法。例如,聚落内多处水塘的布局。先民们利用地形低洼的地方,因地制宜挖土成塘,通过水渠引导补水,或通过地形高差形成活水流动的水塘。这些水塘布局一方面作为日常洗涤和饮用水的及时补给;另一方面也可作为村落消防灭火的水源(图 3-6)。

在一些山地传统村落,由于地形复杂、平地十分有限,人工沟渠难以蓄水,更难以形成诸如平原地区村落的大水塘。先民们采用制作大水缸收集雨水等储水的方式预防旱灾和消防灭火,大水缸起到了不容忽视的重要作用。在一些山地传统村落中,可以看到每家每户在房前屋后的明显地方设置储水容量较大的水缸,既发挥补给饮用水的作用,又和牲畜棚及粪坑冲水等结合使用,并作为应对消防灭火的重要水源。长年累月,雨水及时得以集入水缸,凝练为朴素的生态智慧(图 3-7、图 3-8)。

图3-7　浙江黄岩西部山区宁溪镇乌岩古村村民屋外大水缸分布平面，2012年

注：图中黑色标点为大水缸。

资料来源：杨贵庆，蔡一凡.传统村落总体布局的自然智慧和社会语义[J].上海城市规划，

2016（4）：12.

图3-8　浙江黄岩西部山区宁溪镇乌岩古村村民屋外大水缸

资料来源：作者于2012年拍摄

传统村落蓄水防旱和储水消防的做法，如今被现代化的管道供水和消防栓等设施所取代。旧式大水缸已经被村民们所抛弃。在过去传统的日常生活中，一旦火情发生，最初的时间是控制火情的重要时机。这是因为初期小火苗比较容易被就近大水缸取水浇灭。而如今，如果要经过开启消防栓、接通消防水管等一系列更为专业的操作，也许火苗已蔓延酿成火灾。更何况普通村民还难以熟练掌握消防器材的运用方法，等到专业消防人员赶到，也许已经难以挽回损失。因此，如今在传统村落保护和利用时，恐怕还是要深入思考物质空间表象下所蕴含的生存智慧。

3.2.2　生存资源可持续获得的系统性思维

（1）耕地资源

传统村落总体布局中，耕地与村落之间有机联系并成为村落选址的重要依据。这是因为耕地作为生存资源的根本之一，是生命存续和繁衍的依赖，必须从耕作过程中获得可持续的食物供给。因此，在劳动力步行和兽力（一般为耕牛）行走适宜的距离内，需要有一片可养活族人的田地。出于对耕地资源的珍爱，一般情况下，村民将肥沃的土壤作为耕地，将村落住宅布置在其一侧的薄地上，或依山而建。例如，湘西德夯村，将山下较为平坦开阔、邻近河床的地方作为农田，将村落建在面朝南向的半坡上。这样不仅避免了因地势低洼易受洪涝的影响，同时也便于田地邻水被浇灌（图 3-9）。虽然靠近河床的田地易受洪涝影响，但其损失相对于村落住宅来说还是更小一些。

在一些耕地比较紧缺的丘陵或山地，传统村落总体布局不仅

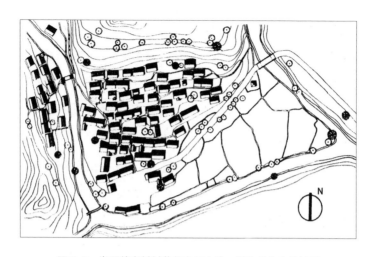

图 3-9　湘西德夯村村落住宅与山体、耕地总体布局关系

资料来源：魏挹澧，方咸孚，王齐凯，等．湘西城镇与风土建筑 [M]．天津：天津大学出版社，1995：75．

需要充分利用地势相对平缓的耕地，而且还尽可能在村落内部利用地形高差整理出田地耕作。例如，浙江黄岩西部山区宁溪镇乌岩头古村，除了在聚落外围尽可能地利用平缓地，在村落内部也积极利用边角空地作为种植用途（图 3-10）。这种在严酷条件下尽可能多地获得耕地资源，精耕细作，成为传统村落总体布局中建筑与空间场地的基本关系模式。

然而，村落与耕地的空间邻近性，如今早已被更为便利的机动性所打破。随着当今机械化耕作和机动车的使用，村民在单位时间内的出行距离不断扩大，而耕地也更加规模化地集中起来。

（2）水资源

传统村落总体布局中把理水作为首要任务，长期以来形成了一整套水资源综合利用的方法。传统风水理论"得水为上，藏风次之"显示出水利的重要性。水资源利用主要分为生产用水和生

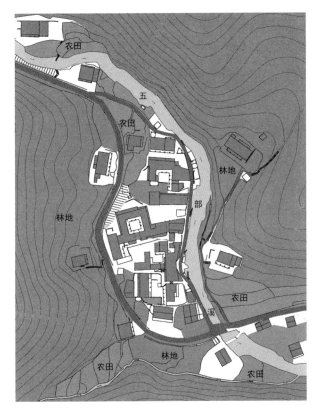

图 3-10 浙江黄岩西部山区宁溪镇乌岩古村建筑与耕地关系

资料来源：杨贵庆，蔡一凡.传统村落总体布局的自然智慧和社会语义[J].上海城市规划，
2016（4）：12.

活用水两个主要部分。在防范洪涝灾害的同时，把农田灌溉和生
活用水相结合，是一种整体思维的智慧。一般来说，村落总体布
局中会选择合适的位置筑坝蓄水、分流灌溉，同时可以保障沿溪
村落的地下水水位，以便村落内井水具有可持续补水的保障。这
反映出先民应对自然气候变化、保障水资源安全且可持续获得水
资源的重要智慧。

对于农耕生产和日常生活极为重要的水资源，成为传统村落总体布局结构形态的重要依据。对水资源的综合利用造就了诸多依水而建的村落。村落空间格局一般沿水系方向展开，街巷与水系呈鱼骨状垂直联系，这种空间形态不仅可以使水流顺地形高差通过重力自然流动，而且也让村民能够以最短的路径获取水资源。在一些传承至今的优秀传统村落中，可以看到先民在水资源整理过程中体现出的安全、便捷、公平和可持续的自然智慧。例如，浙江宁海的前童古村，水系在整个村落总体布局结构中具有重要作用。乡贤组织族人开凿了一条约2公里长的引水渠，既可灌溉2000多亩水稻田，又可引白溪水入村，源源不断流经家家户户，同时也形成了其独特的村落布局特色（图3-11）。当然，这种生

图3-11　浙江宁海县前童村落总体布局中流经家家户户的水渠
资料来源：王兴满.走进前童[M].北京：中国文史出版社，2006.

活用水的整体水质保障，有赖于严格的村规民约予以控制，这也反映出当地传统村落中良好的村民素质和较高的治理水平。

然而，由于各种原因，当今我国不少乡村地区传统村落的水环境受到不同程度的破坏，令人十分痛心。也许得益于现代机械和设备支持，一些乡村地区长距离供水管网敷设成为可能。但自来水普及之后的便利性，使村民们几乎忘却了天然水资源的珍贵。例如，不少地方村民生活垃圾随意倒入水体，乡村工业企业污水排放造成了水资源不同程度的污染。此外，乡村建设过程中因造路建房而肆意切断原有水系的现象时常发生，导致"断头河""死水塘"，雨水排放的明渠暗沟系统遭到破坏。再者，村民建房的房前屋后大量使用水泥，使地表的渗水功能大大减弱。降雨之后雨水迅速流走，无法充分补给地下水，导致干旱季节的地下水位下降。整体上看，我国乡村水资源环境品质不容乐观，应该引起各级各部门和各界群众警惕。应该把对水资源珍惜的态度与乡村文明建设联系起来看待，充分学习先民对于水资源的生态智慧。

（3）阳光与风道

传统村落的总体布局十分注重建筑主要立面的向阳性。传统"风水"理论适应了我国大部分纬度区的日照规律。作为一种可持续获得的生存资源，日照成为建筑和空间场地布局的重要考虑因素之一。我国大部分地区传统村落民居建筑的主要朝向选择面向东、东南、南和西南方向等方位。在山地环境中，由于地形条件限制和可用土地十分珍贵，尽管一些传统村落总体布局的整体空间走向会顺应溪流河道和地势，但也会把主要居住房屋面向朝阳的方位。这种顺应日照走势的总体布局，反映出先民对于日照和健康之间相互关联的认识，把人居活动和自然界其他物种生命"向阳生长"的规律等同考虑，把人类融入自然界的一部分，形成"天人合一"的生态智慧。

风道（或风廊）是传统村落总体布局又一重要特征。特别是在山地丘陵地区，风道是"新风系统"的重要依托。通常情况下，一方面要考虑避免强风的袭击，利用山体地形条件形成屏障，特别是抵御寒冷西北风和北风的直接侵袭；另一方面，又需引入自然新风带走淤积的"瘴气"。因此，传统村落一侧的溪流或河道，长年的水流带动空气流动形成自然风"新风系统"，成为聚居地小气候环境调节的重要资源。这种"水"与"风"互动而形成的"风水"认识，对居住健康显然是十分有益的。这反映出先民在传统村落总体布局中的生态智慧。

然而，当今一些乡村地区房屋建设对日照和新风已较少重视。特别是靠近大城市周边地区的村落，土地价值增长迅速，受房屋租赁收益驱动的村民在有限的宅基地上建屋越来越高，不顾居住建筑的日照标准。令人担心的是，如果在村民建房方面再不出台严格有效的法律措施和管控措施，一旦村民有能力支付电梯的造价，可能很快出现高层村民楼群。那样的话，合理日照资源的获得则更加困难，导致像目前一些城市"城中村"的高层现象。此外，由于各种原因导致村落水系破坏的现象屡屡发生，水体被填埋，原本流动的水体受到阻断，导致风道消失，进而又降低了村落小气候的品质。

3.2.3　传承繁衍生命过程的系统性思维

传统村落总体布局的智慧还体现在对人居环境生命过程的整体性认识上，即对于传承繁衍的"生"和叶落归根的"死"，均被作为空间场所系统的有机组成部分。

一方面，是关于"生"的思考，主要体现在对子孙后代发展用地的预先考虑。村落先民迁居选址，期待血脉延续和家族繁荣发展之后，能够有足够的场地建造房屋，有足够农田自给自足。这种近、远期相结合的思考，是在村落选址和总体布局之初就已经被整体确定，以至于传统村落历经百年生长，其整体空间场地与结构仍然显得完整和有序（图3-12）。因此，先民对传统村

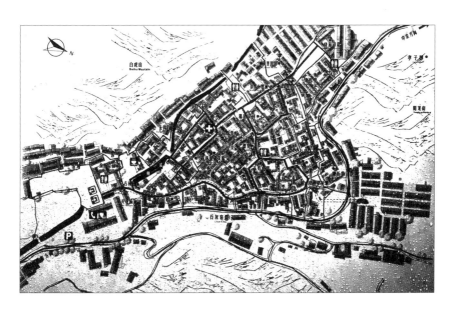

图3-12　浙江浦江县白马镇嵩溪古村总体布局展板

注：图中河溪内古村范围的整体空间结构显示出一种不断生长且完整的肌理。

资料来源：作者拍摄

落总体布局预设了一个不断生长的结构，换言之，其总体结构具有较好的"活性"。

另一方面，是关于"死"的思考，主要体现在总体布局中如何选择墓地的位置。由于受到中国传统文化长期以来礼制、尊长以及对于死后生命轮回的理解等多种因素的影响，族群墓地成为传统村落总体布局需要整体思考的一个重要因素。墓地同样被作为"宅"来对待，是已故之人"居住"的地方，只是"阴宅"与"阳宅"的区分。在一定的文化语境下，死与生虽然身隔两界，但在灵魂上仍然沟通，因此，祭扫故人是一年内十分重要的家族活动之一，也是传承文化和强化礼制秩序的物质载体。通常情况下，墓地的选址充分利用周边的自然环境条件，既要考虑与村落居住建筑在空间上有一定隔离，又要考虑"邻近性"，方便祭扫。先民将"死"作为生命过程的整体性来认识，反映了先民把人类视作大自然种群之一的思想认识。通过对"死"的空间诠释，更好地定义"生"的场所意义。

3.3 传统乡村人居空间的整体性特征①

尽管由于所处的地理气候条件、形成和发展的历史环境和当地人文环境等多方面的差异，导致我国各地传统村落空间形态纷呈多样，但是，如果除去各种村居建筑类型和具体空间环境所呈现表象的个性因素，我们仍然可以尝试归纳其若干的共性特征。

① 杨贵庆.我国传统聚落空间整体性特征及其社会学意义[J].同济大学学报（社会科学版），2014（3）：60-68.

3.3.1　与自然环境条件的协调性

传统村落最为基本的整体性特征，就是它们与自然环境条件的充分协调。通过对一些留存至今的我国传统村落的考察，可以发现它们与自然环境条件之间存在一种天然的"默契"。这种与自然环境条件的协调共生，反映了先民对于选择居住生存环境的智慧。如前所述，充足、安全、不间断的饮用水水源，充分的日照条件，良好的自然风道，避免各种自然灾害的考虑，等等，这些要素构成了对居住环境整体性的认知。同时，赖以生存的耕地的需求，也在与自然环境协调的考虑之内。村舍选址的重要标准是：既要考虑到所邻的河流在洪水期水位提升时不会淹没房屋，还要考虑村落能够避开山洪、滑坡等自然灾害的威胁，同时还要使房屋与耕地之间保持较为便捷的交通联系，满足人的步行和耕牛劳作的合理距离（图 3-13）。此外，聚落子孙后代的发展，也是与自然环境协调考虑的因素。例如，一些聚落选址发展的早期，往往会预留出一定的发展空间，使后代成长之后具有在邻近用地分户建造屋舍的可能。

在更多情况下，自然地形地貌、水文地质等环境条件错综复杂，并不能充分满足传统村落最佳选址的所有要求。在这样的情况下，聚落的选址针对自然环境一些不利的条件将有所取舍，或者加以改造。例如，一些山地型聚落，由于可耕地少，屋舍建筑会尽可能地紧密布置，在尽可能满足山地地形条件的前提下，不得不牺牲一些较好的住宅日照朝向，这是因为朝向对于节约用地来说，属于相对次要的因素。又如，一些平地型传统村落，出于对引水和防洪等多重考虑，需要对原有自然河道加以治理改造，从而既

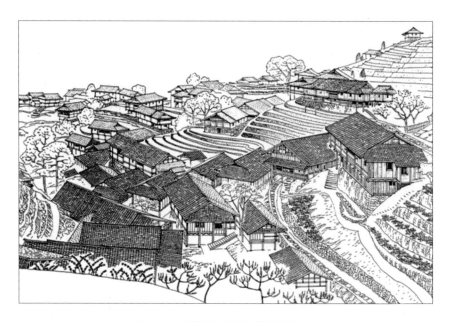

图 3-13　与地形完美结合的桂北平安寨

资料来源：李长杰 . 桂北民间建筑 [M]. 北京：中国建筑工业出版社，1990：31.

能解决洪涝的威胁，又可使日常生活有充足的水源保障。

　　总体来看，由于传统农业生产力水平所限，没有像今天这样具有现代机械建造设备，传统村落更多需要考虑"因地制宜"的原则。与当今现代化建造能力相比，虽然传统村落建造过程反映出一定的被动性，但是，它们却充分展示了先民的睿智，体现了对自然环境条件协调性的整体判断和综合多要素而作出的系统决策。

3.3.2　居住与生产活动空间组合的有机性

　　传统村落空间的另一个整体性特征就是居住生活与生产活动空间的有机组合，二者成为不可分割的整体单元。正如前所述的"住屋平面"，它揭示了在传统农业生产力条件下，由于生产工具、交通工具的限制和生活方式乃至文化的因素，传统村落中的居住生活空间（如居室、厅堂、厨房、便坑等，以及居住生活功能延伸的重要公共空间，如公共祠堂、祖庙、坟地等）与生产活动的空间（如耕作田地、河滩、石桥、集市等）相邻近（图3-14）。从用地布局上看，传统村落的居住生活空间与生产活动空间形成了相对分离但又有机统一的整体。这种多元功能组合的整体性，成为传统村落空间的典型特征之一。

图3-14　桂北三江盘贵寨住宅与耕地、河道之间的紧邻关系

资料来源：李长杰.桂北民间建筑[M].北京：中国建筑工业出版社，1990：531.

3.3.3　建筑群体空间形态的聚合性

传统村落空间的整体性特征还反映在各种建筑所组成的群体空间上，具有较为强烈的聚合感。从外部环境来看，聚落建筑鳞次栉比。一些建筑山墙相互搭接，建筑构件相互"咬合"，错落有致，形成系列的空间组合，使传统村落在周边自然环境背景下脱颖而出，具有较为明显的个性风貌特征（图3-15）。这种空间

图 3-15 传统村落建筑群体空间的聚合性

资料来源：龚恺.晓起 [M].南京：东南大学出版社，2001：33.

组织的聚合性，在不同的地理、气候和社会文化条件下，有时显得非常"夸张"，如福建永定的客家土楼建筑群。由于多种原因，造就了这类客家土楼通过向心围屋的空间形态，在空间类型上其聚合性的特征十分显著（图 3-16）。

传统村落建筑群体空间组织的聚合性，不仅通过建筑空间组织方式得以实现，还通过采用当地的建筑材料、建筑形式和建造方式所形成的风貌特征强调共识和认知。例如，在安徽宏村的实例中，可以看到聚落中不同规模的住宅建筑，通过建筑墙体和屋顶的相同材质、多样但又协调的建筑形式（如门洞、窗洞，封火墙），以及"粉墙黛瓦"的色彩控制，形成了连续、丰富、错落有致的建筑天际轮廓线，表达了十分鲜明的空间形态的聚合性（图 3-17）。

3.3.4 公共中心场所的标识性

从传统村落空间内部来看，公共中心场所的标识性是其重要

图 3-16 传统村落建筑空间的聚合性——福建永定客家土楼

资料来源：[日] 木寺安彦 . 客家民居的聚居空间 [J]. 住宅建筑，1987（3）：8.

图 3-17 传统村落建筑空间的聚合性——安徽宏村

资料来源：孙大章 . 中国民居研究 [M]. 北京：中国建筑工业出版社，2004：355.

的整体性特征。几乎所有传承至今的传统村落，在其内部均有村民公共聚会活动的地方。公共中心场所一般具有不同于住宅建筑外部空间肌理的特征，它们往往具有一定规模的场地，配置以较为特殊和重要的公共建筑，如鼓楼、戏台、宗庙、宗祠等。在一般情况下，这些公共建筑布置在传统村落的几何中心，由于它们位置显著，且建筑功能类型特殊，再加上这些建筑的高度和样式相对突出，使它们具有明显的标识性。

也有一些传统村落，由于地形、地貌等原因，其公共中心场地和公共构筑并不一定位于聚落的几何中心，但是因其特有形态、建筑高度等所产生的视觉控制作用，使它们仍然成为聚落的"中心"。例如，广西桂北的岩寨，鼓楼及其广场偏离村寨一侧，靠着河岸并沿路布置，但是鼓楼的高度明显超过普通村宅，因此，它仍然成为视觉的中心（图3-18）。又如，浙江省新叶村的文峰塔，虽然它不在村落空间的几何中心，但是它仍然呈现出地标性特征

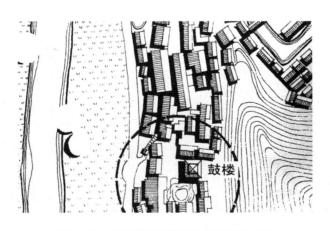

图3-18　鼓楼起到控制作用而成为村寨的中心

资料来源：李长杰.桂北民间建筑[M].北京：中国建筑工业出版社，1990：36.

（图 3-19）。这种空间形态的地标性特征，类似于欧洲小镇教堂的建筑功能和景观意象——教堂尖顶打破了小镇建筑群体舒展平缓的天际轮廓线——从而成为空间标识（图 3-20）。

图 3-19　新叶村文峰塔的地标特征

资料来源：陈志华，楼庆西，李秋香 . 新叶村 [M]. 石家庄：河北教育出版社，2003：9.

图 3-20　英国调研的小镇

资料来源：作者拍摄

3.4 传统乡村人居空间形态表象下的社会学意义 [①]

在我国传统农业生产力基础上，一整套与生产力水平相匹配的"聚居"社会关系和文化认知逐渐形成，并反过来影响和约束人们的行为规范，以使整个聚落社会经济系统更稳定发展。生产力决定生产关系，经济基础决定上层建筑。由于传统农业生产力水平相对落后，"聚居"的空间组织模式需要考虑与生产关系和社会结构相适应。因此，聚落空间布局表象背后反映着特定时期经济、社会和文化内涵。

那么，前述归纳的传统乡村人居空间形态所呈现的若干整体性特征，究竟诠释了怎样的社会学意义呢？

3.4.1 堪舆术和身体宇宙

我国传统村落空间布局与自然环境条件的协调性特征，反映出先民对于聚落选址过程中朴素的科学认识。在长期的探索实践中，先民逐渐总结出关于如何更好地选择定居地的经验教训，并形成"堪舆术"（堪舆学，或风水理论）的基本定律。这种表述"风"与"水"和居住生活关系的朴素的科学认识，成为我国历史上"相宅择地"的风水理论的重要思想。换言之，堪舆术在我国传统村落选址和布局中发挥了重要作用。传统村落在处理与地形、地貌和建筑朝向等方面所采用的方法，一般都符合堪舆术的基本原则。例如，在当时传统农业生产力条件下，由于难以做到像当今这样

---

① 杨贵庆.我国传统聚落空间整体性特征及其社会学意义 [J].同济大学学报（社会科学版），2014（3）：60-68.

使用远距离管网输送饮用水，因此，聚落对饮用水源及其邻近性、安全性和持久性的依赖，与堪舆术所强调的"得水为上、藏风次之"的原则是一致的。

堪舆术对传统村落选址和建造的重要贡献，在于它建立了天、地和人的整体思维，把人的生命规律和活动组织同大自然生态规律相结合，建立了"身体宇宙"与自然宇宙的一致性。"身体宇宙"可以理解为人个体的生物性与大自然生态规律的同构，个体生命信息带着大自然宇宙的生态规律信息。这种"同构"和"全息"的思想假设，甚至还被延伸到人的身体内部。例如，传统中医学相信，人的耳朵富集了身体多种重要器官的"讯号"，脚掌底的多个穴位也被认为与身体器官布局同构。因此，耳朵穴位的治疗和脚底按摩等，常被用来治疗某些身体疾患的方法。在"身体宇宙"的思想指导下，传统村落的选址布局和定居活动，被认为是大自然宇宙的一个有机组成部分。因此，尊重自然、顺乎自然、道法自然等，成为先人对待聚落及其周边自然环境条件的重要原则。这种原则可以被解读为：人的聚居活动，同大自然其他生物种群的聚居生长和活动相类似，都是大自然生态规律中的一部分，是生命宇宙的一种"分形"，具有与其他生物种群繁衍生长相类似的组织结构。因此，人类的定居活动应该与其他的生物种群协调共生，与自然环境协调共生。

"身体宇宙"的思想和人群聚居的这一生物种群的组织结构，在我国传统村落选址和建造过程中，被先民创造性"转译"成为特定的空间结构类型。例如，在我国传统村落中通常使用的"合院"空间形式中，身体宇宙被诠释为多种围合式的院落空间。四合院

的身体宇宙恰当地反映了人与空间的转换关系（图 3-21），这种
形式又恰好与我国长期传统农业生产力条件下封建社会的社会结
构形成呼应，成为我国传统村落整体空间结构中典型的空间单元
之一（图 3-22）。

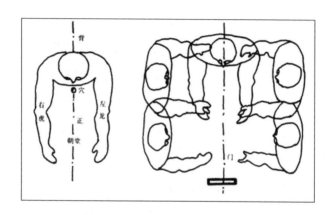

图 3-21　四合院身体宇宙

资料来源：一丁，雨露，洪涌.中国古代风水与建筑选址 [M].石家庄：河北科学技术出版社，
1996：262.

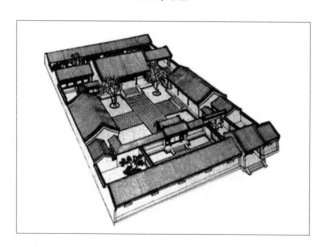

图 3-22　四合院建筑院落的围合形式

资料来源：贾珺.北京四合院 [M].北京：清华大学出版社，2009：封面.

3.4.2　特定历史阶段社会生活的结构特征

我国传统村落居住与生产活动空间组合的有机性，是特定农业生产力水平发展阶段的反映。如前所述，由于相对落后的传统农业生产力条件所限，农业生产长期处于"刀耕火种""日出而作，日入而息"的状态，在农业生产过程中更多依赖人力和畜力，没有当今机械化的便利。因此，在聚落空间布局方面，客观上要求住宅和耕种田地之间处于一个合适的空间距离。如果超越这一合适的出行距离，那么人们难以方便地出行和返回，难以有效地耕作劳动。因此，聚落的居住与生产活动在空间组合上的紧密关系，是当时生产力条件下的必然要求。

传统农业生产力决定着生产关系的特征，不仅反映在住宅和耕作生产的空间距离上，而且还反映在其他居住生活的全部。例如，宗族墓地的选择也是位于一个可以被接受的范围内。它既要离开住宅集中的区域，又不能相距太远。作为生活的重要内容，人们在特定的日子需要祭奠已故的亲人。在没有机动车的时代，所有与定居生活相关联的重要功能，都必定在一个合适的空间距离半径内。如果超越了这个半径，人们在心理上将难以感知。"日常感知"将有助于促成"领域范围""生活圈"，为"社会网络"的形成和"共同体意识"奠定基础。因此，人力和畜力合理往返的距离、居住生活功能的联系等形成的社会关联，均受制于传统农业生产力水平。在聚落内部，建立在特定生产力基础上的生产关系，反映了特定历史阶段社会生活关系的结构特征，从而形成了诠释聚落空间整体性特征的社会发展逻辑。所以说，传统乡村人居空间功能及其形态的生成，与当时当地的社会文化环境紧密相关，反映的是那个时代家族社会的共同意识和意志。

3.4.3　血缘和亲缘关系的脉络及延续

我国传统村落建筑群体空间形态所呈现的聚合性表象背后，是以"血缘和亲缘"为纽带的宗族关系脉络的表达。一般情况下，传统村落由早期先民因各种原因迁徙而定居之后子孙繁衍、不断发展扩大而来。在我国长期封建社会中，聚落中的女孩成年后外嫁出去，成年后的男丁迎娶外氏女子，如此传承延续下去。长期下来，聚落中的大多数住户之间存在一定的血缘和亲缘关系，形成了较为明晰的族谱结构。在同宗子嗣繁衍传承过程中，长辈或家族对后辈成年结婚分户的照顾，往往通过继承房屋或在邻近用地建造新屋的方式体现。因此，邻近建造屋舍的方式，一方面使家族的日常生活和联系更为方便；另一方面使以血缘和亲缘为纽带的宗族关系更为紧密和牢固。这种相互依存、共同支撑的家族社会关系，诠释了传统村落建筑群体空间形态聚合性特征的社会意义。

在我国不少地方，传统村落空间布局要素充分反映了基于血缘、亲缘关系所形成的宗族关系和族群团结。例如，各种规模的宗祠、宗教庙宇，以及民俗节庆的广场、钟楼鼓楼、戏台等重要的构筑设施，一般都位于村落十分重要的位置（图3-23—图3-25）。

传统村落空间的这种聚合性特征，除了对其内部社会关系起到积极、团结一致的聚合作用之外，对外起着抵御自然灾害和外族入侵的重要作用。在自由开放的社会和文化环境中，村落空间的聚合性对外展示了本聚落社会力量的强大程度。而在一些偏远

图 3-23　浙江天台县张思村戏台及周边

资料来源：作者拍摄

图 3-24　福建邵武市某一传统建筑

资料来源：作者拍摄

和潜藏敌意的环境中，聚落空间的聚合性则担当了特定的防卫功能。例如，福建永定客家土楼的空间聚合性，对内采用向心开敞

图 3-25　贵州从江县高增乡侗族村寨

资料来源：孙大章.中国民居研究[M].北京：中国建筑工业出版社，2004：492.

式的布局，对外则采用厚实森严的防护外墙。外墙底层的开窗大小不是作为日常生活所需（狭窄到人已无法进入），而是在特殊时期用作抵御外部入侵时的枪眼（图 3-26）。

图 3-26　福建永定客家土楼外墙底层窗户的防卫功能设计

资料来源：[日] 木寺安彦 . 客家民居的聚居空间 [J]. 住宅建筑，1987（3）：19.

3.4.4　社会控制

我国传统村落空间内部公共中心场所的标识性特征，不仅是景观视觉的中心，也是聚落精神生活的重要载体。其位置、高度和布局方式的特殊性，起到了表达社会控制的重要作用。

在长期的封建社会中，聚落空间布局和建造受到了自然力量

和社会力量的双重影响，并以"拜天祭祖"的社会活动形成聚落
成员之间团结互助的维系。在自然力量方面，由于生产力水平低下，
农田耕种的收成受到自然灾害的严重影响，因此，先民对于敬畏
自然、祈求风调雨顺、欢庆丰收等方面极为重视，成为生产生活
的重要内容。例如，在一些传统村落内部公共中心或一些重要位
置建造的鼓楼及其广场（图3-27）、祈求天地神灵护佑的庙宇等。
很多时候鼓楼和广场往往是用来庆祝丰收活动的场所。

图 3-27　贵州从江县侗族村寨中公共中心特征明确

资料来源：孙大章. 中国民居研究 [M]. 北京：中国建筑工业出版社，2004：146.

在社会力量方面，聚落空间布局受到封建社会等级制度和宗
法制度的影响。祠堂是聚落社会生活中精神的象征。基于血缘、
亲缘关系形成的宗法制度体现在聚落内部的空间布局结构上：宗
教庙宇、宗族祠堂等重要的建筑设施，一般都位于聚落内部十分
重要的位置（图3-28）。一般情况下，这些建筑的高度和形式往

图 3-28　云南西双版纳傣族村寨平面

资料来源：孙大章. 中国民居研究 [M]. 北京：中国建筑工业出版社，2004：492.

往有别于普通住宅，它们被用来举行族人议事、婚丧娶嫁乃至惩戒等大家族重要活动。传统村落的社会控制过程，正是通过在公共中心场地、祖堂或宗族祠堂举办大家族的公共活动完成的。

　　在一些聚落空间类型中，我们看到住宅建筑外部那些院落、连廊、檐口下的连续空间所呈现的"空间流动性"，反映了当时大家族环境下的血缘、亲缘关系（图 3-29）。在那样流动的外部空间里，人们串门交流的便捷性是显而易见的，儿童成长将受教于大家族所有的长辈，而非仅限于他们的父母。当然，外部空间的流动性所具有的视线交流和活动联系背后，也体现了家族社会的控制作用。

图 3-29　浙江台州市黄岩区宁溪镇乌岩头古村的建筑连廊

资料来源：作者拍摄

3.5　"合院"空间形态是传统乡村人居社会结构的最优解[①]

3.5.1　"合院"建筑形式是一项了不起的发明

在我国长期传统农业社会和封建制度下，传统乡村人居的社会结构主要是以血缘和亲缘关系为基础的家族聚落和大家庭聚居方式，这就必然需要相应的多居室单元空间来支撑。

对于一些富裕的家族和人口规模较大的家族，建筑内部有多达几十个，甚至上百个居室房间。一般来说，从住人的角度考虑，

---

① 杨贵庆. 乡村进化：从"生产力—空间形态"关系理论看传统乡村人居空间活态再生 [J]. 同济大学学报（社会科学版），2022，33（6）：66-73.

每一个房间都需要有合适的通风、采光条件，那么就必须找到一种恰当的建筑空间组合方式来满足几十个，甚至上百个房间共同连接；同时，宗族大家庭成员之间具有尊卑的辈分等级，即使是同辈也存在不同的长幼秩序和地位差别。例如，在封建社会一夫多妻情形下，妻妾的居室位置有不同的安排；在儿女一代，也有着伯仲的秩序和男女性别的差异。此外，受制于传统建筑建造的技术条件和材料特点，即一般只能建造 1 ~ 2 层的低层建筑，房间多了只能向水平方向拓展，无法像当今具有电梯技术可以建造高层向空中叠加。

在这样多需求、多情境限制的情况下，"合院"（以四合院为代表）的建筑形式是一项了不起的发明（图 3-30）。"合院"

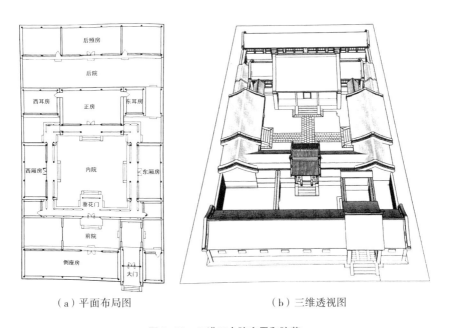

（a）平面布局图　　　　　　　（b）三维透视图

图 3-30　三进四合院房屋和院落

资料来源：贾珺 . 北京四合院 [M]. 北京：清华大学出版社，2009：32.

的院落单元作为一种"空间母本"，具有弹性的、可生长的特征。普通家庭一个院子也许能够安排，但富裕的大家庭则需要多个院落通过组合来实现。院落周边的实体建筑具有特定的使用功能，例如客厅、卧室、厨房等，而院落空间（空无的部分）成为大家族成员日常生活的场地。"合院"的形式不仅具备了包括采光、通风等适宜居住的条件，而且满足了传统农耕时代以血缘为纽带的家族聚落居住功能需求，表达了家族社会老少、长幼、男女等尊卑等级秩序，承载了诸如敬祖、祭祀、迎宾、教育、娱乐、奖惩等多种功能，以及大家族婚丧娶嫁等一系列有组织的家族社会活动。

"合院"的建筑形式具有在水平方向纵、横"生长"、可复制、可拓展的多种可能性，从一个"合院"可以"生长"出几个甚至几十个单元组合，从而满足家族不同时期发展阶段的多种需要。多个"合院"空间沿着轴线纵向或横向展开，组成建筑空间序列，也同时表达了家族等级秩序和伦理观念（图3-31）。

因此，传统乡村人居的"合院"空间形态，最为贴切地反映并支撑了相应的传统农业生产力条件下的社会结构。"合院"建筑布局形式的主次建筑与院落空间构成的轴线关系，巧妙地成为其社会结构的物质表达方式，深刻反映着对天地、对祖先以及家族内部等级关系的社会内涵。"合院"空间形态与其形态表象背后的社会结构密切关联、共存共生。

例如，浙江平湖的莫氏庄园平面布局，充分体现了大家庭成员的长幼尊卑的等级。庄园主人、仆人，庄主的多个儿子和女儿的房间，庄主的长子长孙房间的安排都有明确的空间秩序（图3-32）。

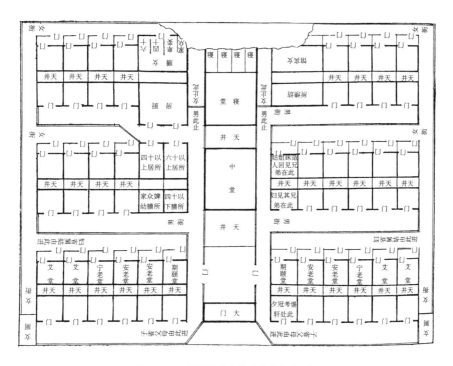

图 3-31　传统村落家族院落空间序列

资料来源：孙大章 . 中国民居研究 [M]. 北京：中国建筑工业出版社，2004：580.

又如，著名的山西晋城乔家大院。其一夫多妻的卧房安排，成为"大红灯笼高高挂"电影的拍摄取景蓝本。在不同时期"合院"建设空间拓展上依照长幼辈分的逻辑，其整体布局在主要空间轴线上反映了严格的尊卑等级秩序（图 3-33）。

再如，浙江黄岩宁溪镇的乌岩头古村。古村的空间结构与家族社会关联具有一定的对应性，即房屋的空间秩序反映了家族内部祖辈、父辈和子孙的长幼社会关系（图 3-34）。

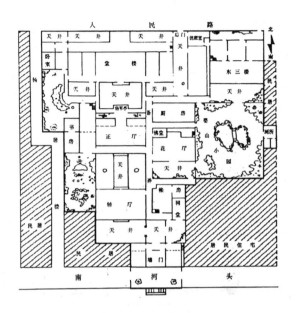

图 3-32　浙江平湖莫氏庄园总平面布局

资料来源：平湖莫氏庄园陈列馆.莫氏庄园[M].[出版地不详]：[出版者不详]，1999.

图 3-33　山西晋城乔家大院空间主轴线体现的尊卑等级秩序

资料来源：张成德，范堆相.晋商宅院——乔家[M].太原：山西人民出版社，1997：13.

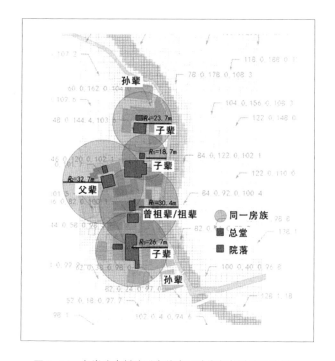

图 3-34　乌岩头古村陈氏家族房屋分布与长幼秩序的关系

资料来源：杨贵庆，蔡一凡．浙江黄岩乌岩古村传统村落空间结构与家族社会关联研究 [J].
规划师，2020，36（3）：62.

3.5.2　"合院"空间形式改变后不变的场所精神

在定居的地理环境和外部族群条件十分苛刻的情况下，虽然
"合院"的空间形式难以在其空间轴线上均衡展开向外拓展，但是，
为了追求"合院"空间的场所精神，实现族群聚居的价值理念和
社会控制目的，先民仍然努力让改变后的聚居空间形式"蕴含"
社会结构的意志。例如，福建客家土楼就是其中一个较为"极端"
的案例（图 3-35、图 3-36）。

土楼聚居建筑在方形、矩形或圆形平面的中轴线对称位置建
造祖堂，作为族人议事、婚丧典礼和其他公共活动的用途。由于

图 3-35　福建永定客家土楼内部祖堂的场所标识性

资料来源：[日] 佚名 . 圆形土楼住居 [J]. 住宅建筑，1987（3）：55.

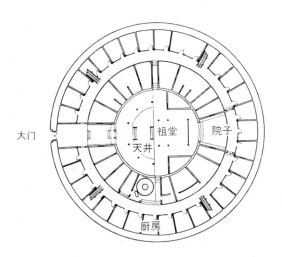

图 3-36　福建客家土楼聚居院落空间中央祖堂的中心地位

资料来源：[日] 稻次敏郎，水野雅生 . 土楼住居与生活 [J]. 住宅建筑，1987(3)：80.

村落外部环境条件极为苛刻，内部用地条件又十分有限，其公共中心场所无法获得较为开敞的用地，因此，祖堂的规模被压缩得十分有限。然而，尽管祖堂占地和高度都不大，但由于其位居场地中央，其突出的"圆心"位置和特定的功能，祖堂仍然成为聚落的重要场所标识。祖堂以向心的方式表达了家族等级关系和社会控制的力量。

"合院"空间的礼仪和教化等功能，体现了大家族聚居的精神力量。在较为落后生产力的时代，以血缘关系为纽带的大家族聚居，需要团结一致，以抵御自然灾害和外族入侵。聚落的社会控制通过空间秩序来表达，反映了空间的社会学意义。因此，"合院"空间形式所承载的场所精神为家族生存繁衍发挥了积极作用。

3.6　小结

我国传统乡村人居空间形态具有鲜明的特征，形成了居住活动、生产活动和社会活动的"住屋平面"社会空间系统。在我国漫长的封建社会制度和稳定的传统农业社会生产力条件下，传统乡村人居空间的形成和发展，反映了其相应的社会结构和生产关系的逻辑。根据本书第 2 章提出的"生产力—空间形态"关系理论模型可知：传统乡村人居的空间形态，是其相应社会结构的物质表象。换言之，传统乡村社会结构是支撑传统建筑及其村落空间结构的内核。

无论在平原地区还是山地环境，传统农业生产力条件下的乡村人居空间形态特征具有共性。传统农业社会定居的主要目的是生存和繁衍，而由于生产力水平低下，劳动工具和交通条件有限，导致生活和生产场所具有较高的邻近性，呈现出聚居空间形态的普遍范式。

传统乡村人居空间布局具有系统性思维。它包括保障安全防灾、可持续获得生存资源，全过程考虑聚落生存和繁衍。它不仅具有与物质环境条件的适应性，而且还具有生产条件和社会结构的适应性。

传统乡村人居空间的整体布局反映出先民的集体意识。它反映了人与自然共生共存的思想，反映了建立在特定生产力水平基础上的生产关系和社会生活的共同意识，反映了以血缘和亲缘为纽带的家族关系和对家族传承延续的共同意志，反映了家族社会礼仪和教化秩序意义上的社会控制。

在传统农业生产力、生产关系、社会结构的作用下，具有生长性、复制性的"合院"空间形式是表达相应社会结构的"最优解"。

我国传统乡村人居空间的表象特征和深层内涵，形成了一个"社会—空间"系统。关于空间和社会关系的作用，法国社会学家列斐伏尔论述道："空间是社会关系的存在，空间不仅是社会关系发生的媒介，也是社会关系和行为的产物。[1]"基于生产力与生产关系的理论分析，本书也可以得出相同观点，即生产力决定生产关系，生产关系建构了相应的社会结构，进而，社会结构需要相适应的空间形态来支撑和承载[2]。在我国传统农业生产力水平的基础上，一整套与生产力水平相匹配的传统村落社会结构和文

---

[1] 李秋香. 中国村居 [M]. 天津：百花文艺出版社，2002.

[2] 孙大章. 中国民居研究 [M]. 北京：中国建筑工业出版社，2004.

化认知逐渐形成，并反过来影响和约束人们的行为规范。在漫长岁月长河中，这种系统日臻完善，其"社会—空间"结构高度稳定，其认知清晰明确，造就了辉煌灿烂的中国传统村落文化瑰宝。

正因如此，一旦传统农业生产力水平发生巨变，其生产关系和社会结构就会发生动摇，则聚落空间形态就将面临严峻挑战。在接下来的一章，我们将讨论这个话题。

第4章 传统乡村人居空间衰败的
根本原因

　　当农业生产力发生质的飞跃，传统乡村人居空间面临衰败的严峻挑战。第一，随着农业生产力水平的突破性变革，机械化耕作和现代科学技术应用于农业生产，使农业生产效率大大提升，粮食生产和增产主要依靠科学技术和设施的进步，不再依赖人力和畜力的数量，这导致农村剩余劳动力涌现。第二，工业化和城镇化"双轮"驱动，城镇就业吸引大量农村剩余劳动力"离土离乡"，使传统农业社会生产关系瓦解，进而动摇了大家族聚居的社会根基。传统乡村社会结构也随之瓦解，核心家庭越来越占主导。过去基于宗族的聚落社会结构失去了基础，乡绅治理的模式也随之瓦解。第三，城市的规模集聚效应使工业化、标准化生产和供给更为发达、成本降低，导致传统乡村手工业失去竞争优势。第四，现代交通方式打破了传统乡村人居空间的"无交通区位性"，导致乡村地区的区位弱势严重。此外，大城市生活品质和生活方式吸引更多年轻人定居城市。总体来看，生产力变革导致传统乡村社会结构瓦解是其空间形态衰败的根本原因。

4.1 农业生产力突破性变革导致农村剩余劳动力"离土离乡"

4.1.1 以机械化耕种为标志的农业生产力变革极大提高农业生产效率

在过去传统农业生产力状态下，耕种主要依靠人力和畜力，生产力水平低下。为了生存和繁衍，人们必须通过各种办法可持续地从土地中获得食物，必须通过大家族成员"抱团"互助的方式抵御各种自然和人为灾害，达到安全定居的目的。可是，即使先民们想尽了各种办法，生产效率还是很低下。一个成年劳动力每天耕种的田地总是有限的，加上因土地贫瘠、缺少抗虫害农药等一系列问题，如果再遭遇极端干旱或洪涝灾害，那么，要想获得好的收成恐怕是困难的。我们在流传到今天的传统村落中的"鼓楼"或晒场等公共建筑及场地，可以感受到先民欢庆粮食丰收时载歌载舞的喜悦场景，或是感受到他们祈雨抗灾时的严肃神情，以及那些历经苦难但又坚韧的目光。

然而，当机械化、规模化耕种方式应用于粮食生产之后，传统农业生产力水平发生了质的改变。机械化（如耕种拖拉机、播种机、插秧机、收割机等各种类型的农用机械）生产方式在很大程度上提升了农业生产效率。机械化耕种广泛普及，取代了以人力和畜力为主要劳动力的传统农业生产力，标志着我国农业生产力水平发生了历史性变革，也开启了我国现代农业生产力发展的新阶段。

农业机械化的全面发展，使依靠人力和畜力为主要特点，包括劳动者、劳动工具和劳动场所等在内的整个旧的生产系统发生根本变化。首先，大量从事耕种的劳动力从土地上被解放出来。一台收割机的工作效率是一个农民工作效率的几十倍甚至百倍。另外，之前作为重要劳动力的耕牛也不再被需要。与之相应，原先为耕牛等畜力看病而配置的乡村兽医站设施和场地也不再被使用。其次，劳动力耕种所必需的一系列劳动工具（如耕地的犁耙、锄头等）及其生产加工、维修、堆放等所需要的设施和场地也不再重要。所有农用物资配备和使用将依照现代农业机械化操作的要求。再者，过去在传统农业时代下的劳动场所，如打谷场等，也随着机械化生产而被闲置。

随着现代科技研发成果不断应用于农业领域，农业生产力水平还将不断提高，农业生产效率还将进一步提升。例如，当前我国智能技术被广泛应用于农业生产，植保无人机应用于大田作物的质量监控和防虫除害，为水稻打药、为棉花脱叶。植保无人机精准施药、节水节药的效果都很显著，省时省力效率高。与传统人工喷洒农药相比较，植保无人机作业效率要高出几十倍。因此，随着农业生产智能化时代来临，农业生产力又将发生质的飞跃。

农业生产力变革的结果，必然带来农业生产关系的变革。从事农业生产的劳动力的数量变化和相应知识水平的要求是重要的"应变量"，它们将成为新的农业生产关系中的重要因素，也将给乡村社会结构的变化带来深刻影响。当然，这些影响最终会作用于相应的空间形态的改变。

4.1.2 农村剩余劳动力涌现并"离土离乡"

机械化农业生产提高了劳动生产率，完全颠覆了传统农业耕种过度依赖人力和畜力的原始观念，使大量农业劳动力从土地上"解放"出来。如果一台插秧机或收割机是一个劳动力工作效率的几十倍甚至百倍，当一台机械进入田间工作，就意味着几十、上百的劳动力不必再下地劳作了。随着现代科学技术广泛应用于农业领域，"科学种田"提升了粮食种植的产量，大型农田水利灌溉系统保障了区域农业生产的安全性。农业机械化水平的不断提高，使现代农业生产已不再像过去传统农业生产那样依靠劳动力，于是，农村劳动力"剩余"出来，成为"农村剩余劳动力"。

作为一个传统农业大国，一旦农业机械化普及，农村剩余劳动力涌现的数量是惊人的。从我国改革开放之后的城镇化率增长速度来看，农村剩余劳动力数以亿计。1978年改革开放初期城镇化水平是17.9%，到2012年已经达到52%。30年之间以年均1%迅速增长。城镇化率增长了30%，意味着农村人口贡献了3亿。到2023年年底，我国城镇化水平达到65%，整体上看，改革开放以来，我国农村人口约5亿人从农村离开，这对乡村社会结构的影响是史无前例的。

农村剩余劳动力客观上需要一个出路。在工业化、城镇化发展初期，农村剩余劳动力还只能被"束缚"在乡村。这促进了乡镇工业的快速发展，带动了各地乡镇建设，出现了"小城镇、大战略"的发展态势。这一阶段，农村剩余劳动力总体上还只是"离土不离乡"，对乡村社会结构的影响尚不显著。当城镇化进入加速期，随着户籍制度和粮食供给政策的重大改革，农村剩余劳动力就开始大量涌向改革开放的前沿城市，涌向省会城市，更进一步地涌向就业机会更多的"北上广"地区。城镇化进程加速对农村剩余劳动力形成"虹吸"效应。大量农村剩余劳动力开始"离土离乡"，进城务工。这一方面促进了中国城镇化进程；另一方面也导致乡村人口年龄结构的失衡，进而深刻改变乡村的社会结构。

我国农村地区在快速城镇化进程中作出近乎痛苦的牺牲。继农村把建筑原材料、能源、土地资源、水资源环境等"贡献"给各级城市之后，又把大量青壮年劳动力"贡献"了出去。尽管这些年轻劳动力大多数受到的只是最基本的教育，但他们却是农村中最有知识、头脑最灵活的一代人。正是这些年轻人，到城市中基本上充当了最为"廉价"的劳动力。同时，他们背井离乡，失去了家庭团聚、教育子女和赡养老人的时间、机会和义务。总体来看，农村大量青壮年劳动力"离土离乡"，导致了乡村"有生力量"的缺失，造成"乡无郎"的窘境。岁月变迁，昔日传统村落的繁华热闹不再有，看到更多的是破旧老宅下的"留守老人、留守妇女和留守儿童"。不少偏远地区的传统村落基本上成了"空心村"。

4.2 传统村落社会结构瓦解

4.2.1 农业生产力水平提升带来农村生产组织方式的变革

以农业机械化为标志的现代农业生产力的进步，带来乡村生产经营方式的重新组织，进而带来农业生产关系的改变。由机械化耕种带来的生产效率提升和生产方式的变化，使农业生产呈现

"规模化"效应。反过来，农业生产要素的组织也必须通过"规模化"来适应农业机械化方式。相应地，一批与"规模化"相匹配的农用设施和新的劳动场所相继出现。例如，"合作社"把零散的"小农"组织起来，"供销社"等建筑和场地应运而生，"粮站"成为乡村生产生活的重要角色之一，这些要素成为农业生产关系下公共设施的"标配"。

根据生产力与生产关系之辩证关系的原理，当农业生产力发生重要变革时，生产关系也将与新的生产力相适应而发生重构。农业机械化的诞生，使农业生产开始组织化、规模化运行。例如，在我国农业机械化发生的初期，1958 年出现"一乡一社"人民公社运动。全国约 5 亿名农民（1.2 亿户农村家庭）组织形成 2.6 万个人民公社[①]。每个人民公社平均 1.92 万人。在组织化、规模化运行的构架下，诞生了一系列为农业生产和生活配套的公共服务设施，包括农业技术推广站、农业机械管理站、水利站、畜牧兽医站、经营管理站等农业生产和农村经济服务机构。作为农村唯一物资流通部门的"供销社"，负责农业生产资料和农民生活资料的供应。粮管站负责粮食的统一购销、储存和调配。在农村精神文化服务方面，设立了文化站、广播站。卫生院承担农村医疗保健服务职能。图 4-1 直观生动地反映了人民公社时期的乡村生产和生活组织形态。这些在农业机械化初期新出现的生产和生活组织方式，已经完全不同于在传统农业生产力状况下分散小农户的生产方式。新的生产和生活组织方式必然催生出新的公共建筑、设施及其空

---

① 刘克宏. 壮丽 70 年：1958 年，人民公社席卷神州大地 [EB/OL].（2019-08-12）. http://www.803.com.cn/2019/08/12/99613705.html.

图 4-1　上海教育出版社 1958 年出版的《人民公社好》海报中的生产生活组织方式
资料来源：程婧如. 作为政治宣言的空间设计——1958—1960 中国人民公社设计提案 [J].
新建筑，2018（5）：30.

间形态。新的空间形态组构依据，已经与大家族血缘关系下的传统村落空间组织方式有了本质的不同。

　　值得一提的是，机械化农业生产为女性提供了更多机会，使她们更能够参与到农业生产中，改变了我国传统农业社会"男尊女卑"的社会基础。女性与男性一样能够掌握现代农业生产技术知识，驾驭机械化农用设施，展现出相同的工作效率。从普遍意义上来说，生产力变革使女性不再像过去那样依赖男性生存，女性与男性更为平等，男性在农业劳动生产力中的角色定位发生变化，这深刻地改变了农业生产关系及其社会结构。过去传统农业社会大家族聚落空间所诠释的"男尊女卑"等级序列，在新的生产关系和社会结构下不复存在。

4.2.2 聚落大家族社会结构瓦解

首先，传统村落大家族"抱团式"生产、生活的方式在新的生产力条件下已经不再具有必要性。

农业机械化的普及带来农业生产力变革，使农业生产方式和组织形式发生改变，带来生产关系的深刻变革，伴随这种变革，原有传统村落大家族成员之间的关系也发生改变，导致传统农业社会的聚落社会结构发生根本改变。我们知道，过去农耕社会落后生产力条件下，主要依赖劳动力和畜力作为重要的生产资料，需要家族社会共同劳动才能保障生存和繁衍，家族社会的紧密团结和精神秩序是支撑食物来源和抵御外来抢掠的重要基础。在这种历史社会条件下形成的聚落社会结构是"抱团"的、向心的，大家族成员之间的联系是紧密的。这种紧密社会关系的信任基础是血缘和亲缘的关系，宗族的等级秩序结构和血缘、亲缘的网络结构错综复杂又秩序分明。可以认为，大家族血缘和亲缘关系为传统村落的社会结构提供了可靠的信用"背书"。如果不是因为这种紧密的社会关系形成的相对可控而牢固的社会结构，那么，在落后生产力条件下一旦遭遇自然灾害、食物短缺或外族侵犯等方面危机，大家族成员的生活和生命就难以为继。如今，农业机械化带来集体组织和规模化生产，抵御自然灾害、保障粮食供给等方面的能力已经大为提升，大量农业劳动力不再被需要，新的农业生产组织方式不再需要过去传统村落大家族"抱团"发展的方式。相应地，过去聚落大家族成员之间围绕生产、生活的一系列必要联系，也就不再发生，并逐渐消失。

伴随着大家族原有"抱团"式生产、生活方式的解体，大家庭居住生活形态也发生根本性变化，核心家庭逐渐成为乡村社会的主要形式。新的生产方式和生产组织更多以单个家庭为单位，以核心家庭为"户"。生产资料分配、生产指标分配、生产效率衡量、宅基地分配、低收入保障家庭户等一系列农业生产过程和生活配置的规章与政策，都按照核心家庭"落实到户"。在新的生产力条件下，由于生产关系的变革，我国长期以来的带有封建社会传统大家庭的社会结构随之瓦解。

我国从 1982—2015 年实施的"计划生育"政策，对广大农村家庭结构影响深刻，加剧了我国传统村落社会结构的瓦解。历时 33 年的"一孩化"政策，提倡"晚婚、晚育，少生、优生"，虽然各地农村实施的效果不一，但是总体上农村核心家庭人口数量在减少。如果是只生一个女儿的家庭，那么女儿成年后婚嫁出去，村落中"老房子"的继承就成了问题。有的家庭虽然生了儿子，但是随着我国这一时期的城镇化快速发展，成年男子各种途径的"离土离乡"并在大城市就业定居，也使家乡的"老房子"无人继续居住，常年空置并破旧衰败。

其次，新的生产力变革产生的大量农村剩余劳动力流失加剧了聚落社会结构瓦解。

受我国工业化和城镇化驱动，从土地上"解放"出来的农村剩余劳动力，以各种方式、大量地离开乡土，特别是青壮年劳动力。这不仅使乡村常住人口的总数量锐减，而且也使农村人口的年龄结构、性别结构和知识文化结构发生深刻变化。这种变化带来传统村落大家族社会结构的稳定性发生动摇。传统村落原有的社会结构是支撑空间形态的重要依据，而如今缺失了青壮年一代人，使聚落在历史上代代相传的各种物质和精神文化活动难以赓续，造成了生活方式的断代，特别是聚落社会结构中礼俗文化的断代。例如，在我国安徽省徽州的"晓起村落"，历史上有每逢过年"舞龙灯"的习俗活动。同一姓氏的各家各户把所备的"龙灯"取出来接龙排队，在村落主要街巷舞龙灯欢庆游行，不仅是表达过年的喜庆，更是显示这一姓氏男丁的兴旺（图4-2）。因为龙灯的个数和家族男丁的数量相一致，只有新生一名男孩才能增加一盏龙灯。地方话"丁"和"灯"谐音，把"添丁"和"添灯"相关联。但是，随着乡村传统社会结构的解体，这样重要的村落习俗活动

图4-2　徽州传统村落晓起村的舞龙灯习俗

资料来源：龚恺．晓起[M]．南京：东南大学出版社，2001：34.

也就成了历史。

像上述"舞龙灯"这样的传统文化习俗,存在于我国各地许多传统村落中,类型多样、各具特色,但随着聚落传统社会结构瓦解,都不同程度地消失了。如今,它们中的一些成为地方"非遗"文化,或只被历史文献记载。当过去的社会结构一旦瓦解,那么相应的物质呈现和空间场所就失去了其本身的意义。

最后,传统的"乡绅"治理模式缺失了继续存在的社会基础,被新的乡村治理模式所取代。

聚落大家族社会结构瓦解也体现在乡村治理模式上。我国传统村落的发展过程中,经历了由"乡绅"作为村落事务管理核心角色的时期。担任乡绅角色的人,来自本村,见过世面,家底丰厚,通常具有被村民认可的学识和品德,有着较好的沟通协调能力,并且和"官府"具有一定的"对话"资历。作为村规民约的制定者或执行者,乡绅成为维护村落"公平正义"、主持建设发展的核心人物。中华人民共和国成立前,乡绅对于乡村自治和长期稳定发展曾经起到关键作用。

但是,随着新的生产力和生产关系被确立,原有的聚落社会结构组织方式和治理模式也遭遇了挑战。一方面,"乡绅"角色也无人"扮演";另一方面,农村生产组织和经营方式通过地方政府的各个层级来安排,不再需要"乡绅"这样的角色。这一乡村社会组织方式的重大变迁,使"乡绅"原来从事聚落大家族活动的一系列功能安排,都成为历史。原本因血缘、亲缘关系所形成的大家族成员之间的信任依赖和主事权威,以及相关的一系列乡规民约,也随着乡村治理方式的变迁而瓦解。取而代之的是自上而下的地方治理和相关的法律规定。

当今我国乡村管理制度下乡镇干部的流动性，决定了管理者和村民利益之间不再具有血缘、亲缘上的天然一致性，由此带来的挑战是显而易见的。干部的流动性使他们即使主观或客观上做错了决定也不会受到严格的惩罚或产生内疚心理，更不会导致亲属连带责任（因为他们不住在当地）。因此，由于这方面约束力的缺乏，使村民难以对"外来"管理者产生发自内心的信任感。随着乡村社会结构的变迁，如果不及时建立新的、有效的、可持续的治理模式，那么，对于乡村内生发展动力培育和活力保持来说，是十分困难的。

4.2.3　聚落社会结构瓦解导致空间形态的不适用

传统大家庭社会结构瓦解给聚落建筑和整体空间形态带来根本冲击。由于聚落空间形态物质表象下的社会结构已经瓦解，原有的空间形态缺少了其固有的社会结构支撑，导致空间形态成了"空壳"，成为"摆设"。总体来看，聚落社会结构瓦解导致聚落原有空间形态不适用，主要反映在以下两个方面。

首先，聚落主要公共建筑和公共场所丧失了原本的使用功能。

我国长期封建社会下宗法制度、约定俗成及落后生产力条件下农耕活动对于粮食收成的重视，体现在传统村落整体空间布局结构上，形成了富有特定意义的聚落公共建筑和场所。例如，大家族的宗庙、宗祠，各种祠堂，钟楼鼓楼、戏台，以及举办聚落重大活动（如节日庆典等）的广场等重要的构筑设施和场地。这些设施和场地一般都位于村落环境中较为重要的位置，在整体空间视觉上和心理感受上都起着"控制"的作用。

然而，受生产力、生产关系巨大变革影响下的传统乡村社会结构产生的一系列变化，从根本上颠覆了传统乡村人居以宗族大家庭"抱团式"聚居的必要性。村落的生产生活已经不再举行与此类建筑空间相关的各种活动。一些曾经因宗族活动和秩序倡导而造就的一系列精神文化活动场所（如宗族祠堂等）也变得不那么重要。再加上随着乡绅角色的消失，这些公共活动场所因缺乏类似"乡绅"权威人士组织活动，逐渐成为一种空泛的象征或摆设，而后又因各种原因导致损毁。除了那些后来被列为各级文物保护建筑的公共建筑外，一些重要公共建筑和场地都不同程度地改作他用，或因建筑长期闲置而破败损毁。

例如，浙江黄岩茅畲乡下街村历史上以耕读而传家，曾经有上百座祠堂建筑，而今仅存6处，建筑年久失修，部分构件损毁严重，围墙倾圮。2020年开始，因其被列入"浙江省历史文化（传统）村落重点村"而实施保护和利用工程（图4-3）。

由于生产力和生产关系的变革，聚落社会结构瓦解而导致的传统村落原有的一系列公共建筑设施场所已不再具备相应的社会生活功能，其衰退也就成为一个必然的过程。

其次，过去经典的"合院"大家族聚居住宅形式已缺乏相应的使用依据。

由于生产力发展阶段及其生产关系特征等种种原因，我国传统农业生产力条件下的聚落住宅建筑空间组织呈现出以血缘、亲缘关系纽带而形成的聚居特征。在空间序列上，除了与自然地形、地貌条件所对应的"天人合一"等朴素的风水思想之外，大家族

图 4-3 浙江某一传统建筑修缮前的状况

资料来源：杨贵庆 . 乡村进化：从"生产力—空间形态"关系理论看传统乡村人居空间活态再生 [J]. 同济大学学报（社会科学版），2022，33（6）：70.

聚居的建筑布局也反映着封建社会"父为子纲、夫为妻纲"的等级关系特征。传统大家族聚居的建筑与空间与其背后的等级秩序和社会关系形成了恰当的呼应。

　　然而，随着传统大家庭结构瓦解，取而代之的是核心家庭结构占主导，相应地，住宅建筑功能和形式必然发生变化。随着核心家庭占主导形式，那些昔日规模宏大、房屋数量众多的"合院"建筑，也如釜底抽薪，缺少了支撑其空间形态的社会结构，从而变得荒芜破败。核心家庭结构需要新的住宅建筑空间形式来承载，

以体现当代人生活需要，而原本的大家族"合院"建筑空间形式
已经难以适应新的功能需求。例如，原本"合院"建筑对于现代
生活的舒适性、私密性（尤其是现代生活所需要的厨房设施和室
内卫生间）等宜居条件来说，难以满足。"合院"空间形态所反
映的长幼尊卑、等级序列理念也无法适用于现代核心家庭的"均
等均好"要求。因此，当传统大家族社会结构瓦解，缺乏了内生
动力机制，传统"合院"的空间形式就有些"不合时宜"。因此，
从一定程度上说，传统村落的住宅建筑及其"合院"空间形式被
放弃，也是一种客观必然（图 4-4）。

图 4-4　福建闽北地区一传统村落的住宅厅堂，2023 年

资料来源：作者拍摄

正是因为这一点，当今关于我国传统村落的保护和利用工作面临很大挑战：不仅要甄别哪些建筑和设施尚可发挥在当下的使用功能，还要判断它们如何为构建新的社会结构发挥作用。

4.3　工业化、城镇化对乡村传统手工业的剧烈冲击

4.3.1　工业化生产的标准化及其效率打败了传统手工业

乡村传统手工业是传统农业生产力和生产关系的重要内容，是乡村社会结构的重要环节，也是传统村落空间形态的重要特征。在传统农业生产力条件下，手工业包揽了从农具生产到日常生活必需品生产的几乎全部内容，例如，田间地头需要的锄头、镰刀、耕犁等一系列农具，收成农作物使用的大小箩筐，交易使用的秤，算盘，还有日常生活使用的各类剪刀、脸盆，各类储物品，不胜枚举。因此，生产和销售这些物品的店铺就应运而生，如铁匠铺等各类作坊。为了方便生产和交易，这些作坊以"前店后坊"的形式形成了大小集市。一些固定的集市就逐渐形成大小规模不同的、具有商业集市功能的街道。而正是一条或多条店铺街道，成为一些传统村落中最为重要的空间特征。当市集店铺数量规模较大时，这些村落就逐渐发展成为连接周边多个村落的市镇。可以说，我国长期传统农业生产力条件下，以手工业支撑的传统村落空间分布特征十分明显而且稳定。

然而，当生产力水平发生变革，机械化带来的工业化生产完全打败了传统手工业。工业化生产的主要特征是"标准化"和"高效率"。在工业化生产的机器流水线上，每时每刻都在不断运行

制造着各类产品。对于一个打铁匠来说，要生产一把农用刀具，从打铁开始到器具成形，可能需要几天或更多的时间，而且每把刀具的尺寸和品质都会有所偏差。加上每个打铁匠的水平不同，或者虽然是同一个打铁匠但精神状态每天也可能不一样，因而生产的刀具很难保持同一个水准。但是，工业化生产的效果就不同了，可以保证每把刀具都做成同一个质量，而且时间也大大缩短了。

笔者曾经在浙江省台州市椒江区调研一个传统村落"回浦村"，其中有一条老街叫"章安老街"。历史上这条老街远近闻名，店铺林林总总，如今人去楼空，萧瑟凄凉。笔者发现沿街有·个制作销售各种"秤"的小店铺，狭小昏暗的店堂墙面上挂着十几样不同大小的秤杆，秤杆上标有非常精细的镀金的刻度。店铺里还有一个上了年纪的男子在精心雕刻制作秤的零部件。据了解，做一杆秤需要花大约 3 个月的时间。可以想象，这个制作秤的店铺在传统农业社会下是多么重要和具有信誉度。但是，当工业化、标准化生产的电子秤问世，这些手工业的秤产品就再也没有市场竞争力。

又如，在过去，珠算十分重要，算盘因而需要精工制作。算盘的所有零部件要通过高水平的手艺加工，从品质上好的木料选用开始，到精心打磨，上漆，等等，产业链也比较长。即便是再精巧的工匠，也不能做到每粒算盘珠子都一样，而且制作时间长、数量少。但是，当今一个小小的电子计算器，就打败了算盘制作产业。从事算盘制作的工匠及其店铺，就没有存在的必要了。图 4-5 是浙江省台州市黄岩区头陀镇头陀村，历史上曾因便捷水运而形成的手工业产品商铺林立，如今基本上"人去房空"。

像这样的例子不胜枚举。由于工业化生产的产品具有标准化

图 4-5　浙江某一传统村落老街整体改造前的状况，2018 年

资料来源：杨贵庆. 乡村进化：从"生产力—空间形态"关系理论看传统乡村人居空间活态再生 [J]. 同济大学学报（社会科学版），2022，33（6）：70.

的支撑，大大提升了产品品质，并提供了大量生产的可能性。工业化生产因其"标准化"优势完全打败了传统手工业，并使后者的从业者及其空间场所失去价值，这对于传统乡村社会结构的打击巨大。这也导致传统乡村人居空间形态缺少了内生活力和动力支撑。内生活力和动力一旦缺失，传统乡村人居空间形态的衰败也就是迟早的事情。

4.3.2　城镇化促进市场化效应击垮了传统手工业

在我国长期传统农业生产力条件下，乡村社会结构是稳定的，传统农业和传统手工业共同编织了传统村落生产关系和社会结构的稳定系统。在我国城镇化率 20% 以下的阶段，80% 的人口居住在农村，聚落的空间形态和结构也相对稳定，呈现其固有的价值和意义。

但是，传统乡村社会结构的稳定性被迅猛发展的城镇化打破。如前所述，当我国农业生产力发生变革，农业机械化普及导致剩余劳动力迅猛增长，再加上工业化强劲驱动城镇化，使我国城镇化率从 20% 开始 "高歌猛进"，经历 40 多年的时间城镇化率已超过 65%。城镇化造就巨大的城市供需、生产和消费市场，给过去超稳定的传统乡村社会结构带来了剧烈震荡。

城镇化促进的市场化效应，主要通过对商品和服务的集聚和规模效应获得。一方面，市场化带来要素的高效率配置，使产品生产和去向明确，快速实现从产品到商品的价值转化，从而快速获得成本和收益回报。另一方面，市场化的规模效应可以实现 "薄利多销"，这对消费者来说吸引很大。更多的消费者购买商品，反过来又加快商品的销售，这是一个良性循环的过程。只要产品的品质和服务能够保证质量，那么，城镇巨大的人口规模就可以保障产品销售，就可以保障就业，也就可以实现人们追求财富和高质量生活的目标。

城镇化促进的市场化效应，对于传统手工业的打击是巨大的。传统手工业在乡村的市场消费规模是十分有限的。手工业产品的生产数量不多、时间成本相对较大，使其销售价格维持在一个稳定的水平。正因为销售数量不多，价格就无法降低。越是价格无法降低，产品就越是没有竞争性，就越是没有销售数量。

以市场化效应的视角，对于服务业来说，在乡村的经营效益同样比不过城市。例如，一个乡村理发师，即便其理发技艺高超，但由于乡村顾客数量有限，一天下来营业收入仍会十分有限。然而，如果他去城里，到大城市，甚至到繁华的大都市，那么他就不用担心每天来理发的顾客数量了。只要理发师精力充沛，他就可以选择从早工作到晚，如果其收入能够支付各种生活成本并还有较多盈余，那么他就可能在城市定居下来。

随着工业化、城镇化的驱动，传统乡村人居空间的封闭性、稳定性被打破，其与外部的信息和能量的交换更加开放和频繁。总体来看，市场化、规模化经营和贸易等各种外部力量，深刻地影响了传统农业和手工业，也深刻地改变了中国传统乡村人居长期以来"男耕女织"为主的生产生活方式，进而重塑了传统乡村人居的生产关系和社会结构。一旦从乡村外出经营的人获得了更多的物质财富，具有了更高的社会地位，反过来又会进一步带动乡村年轻人"离土离乡"追求"外面的世界"。这正如费孝通先生在《江村经济：中国农民的生活》书中"桑蚕丝机械化生产组织和对外销售"篇章所论述的，由于机器设备投入桑蚕丝的加工生产，提升了桑蚕丝的生产能力，生产组织和对外销售系统的建立，改变了原有家庭各户的分工角色，重塑了乡村社会结构[1]。

随着工业化、城镇化对乡村传统手工业带来的剧烈冲击，传统乡村人居自身的产品供给体系被城市的市场化"规模集聚效应"所"掠夺"、被"打败"，导致原有大量的传统手工业家庭作坊普遍萎缩、衰败，甚至消亡。如今，除了其中一些被冠以不同层

---

① 费孝通. 江村经济：中国农民的生活 [M]. 南京：江苏人民出版社，1986.

级的"非物质文化遗产"的传统制作工艺及其产品保护传承下来之外，大量的日常生产和生活所用的产品制作工艺基本上画上了历史的"句号"。对于昔日那些商铺繁华林立的集市村落空间来说，一旦缺失传统手工业的内生动力支撑，就如"釜底抽薪"一般，成了物质的"空壳"。它们毫不犹豫地、固执地衰败下去，丝毫不顾及曾经的灿烂和辉煌。

4.4　交通依赖性给乡村带来的深刻影响

4.4.1　现代交通运输条件导致"交通区位性"

　　"交通区位性"是指因交通条件的便捷程度在区域空间范围内形成的区位水平。它是描述一个地区交通便捷可达程度的词语，如果某一地区"交通区位性"比较好，那么就是说这个地区的交通可达性好。"交通区位性"是由现代各种交通工具和运输条件所造成的区位优势水平的差异。"交通区位性"程度的优劣是相对的。例如，相对于区域中心城市来说，那些偏远地区的城市和乡村的"交通区位性"相对较差。通常，多种交通工具可达的交通枢纽地区和城市，其"交通区位性"明显要优于其他地区。

　　对于早期传统乡村人居环境来说，并不存在"交通区位性"。在人类历史发展进程中，当"农业"从"畜牧业"分离出来开启"定居"时代之后，农业生产成为生存和繁衍的主要手段。传统农业发展主要依赖农作物生产的环境，依赖土地、清洁并可持续的水源、较好的日照条件，以及能够抵御自然灾害的能力。只要具备以上条件，那么，无论在哪里，无论是哪个地理区位，都可以适合人类定居和繁衍。换言之，不论在平原地区、丘陵地区，还是在山地，只要具备以上这些条件，就可以满足先民们开展生产生活需要。有的时候，山地、丘陵地区相比平原地区具有某些特殊优势，例如，那里具有更加隐蔽、安全和利于防卫的地形地貌条件，具有更易获得山溪水作为饮用水的重要条件。在今天看来那些交通区位条件十分偏远落后的山地村落，在传统农业时代并不显示出"交通区位性"的弱势。总体来看，传统农业社会背景下的村落空间分布是"均质的"。在我国广袤的地域范围，只要适应传统农业的生产方式，就有村落存在。

但是，无"交通区位性"这一传统农业时期的状况被生产力变革发展所打破。随着生产力发展，当"手工业"从"农业"中分离出来之后，地理区位优势开始显出重要性。那些合适步行交通或水运船只抵达的地区，往往成为"日中而市"的选择，集市应运而生。随着集市的发展壮大，那些为商品交易行为服务的餐饮、住宿、娱乐、市场管理等一系列配套活动更加丰富和拓展了市集的功能。在这样的环境下，那些靠近集市的村落，比远离集市的村落具有更加便利的交通优势，集市本身也随之发展成为区域中的集镇。

在传统手工业时代，虽然集镇的交通区位性优势开始显现，但仍不十分明显，集市在空间上总体来说还是均衡分布的。由于人们赶集出行的范围一般是在当天内完成的，对集市周边的村落来说，去集市的交通可达性虽然有一定差别，但是仍处于"日常生活圈"范围之内，并没有超越人们心理承受的范围。总体来说，这一时期的交通工具是非机动性的，是畜力车时代的交通方式。在平原水网地区，水乡村落主要依靠船只通行，基本上也符合"日常生活圈"范围。

但是，随着现代生产力发展，以机动车为代表的交通工具被广泛使用，导致"交通区位性"优势或劣势凸显。随着汽车时代到来，那些交通可达性好的地区，成为形成"城市"的重要选择。进一步地，火车、航空、高铁等更加便捷的交通方式，促进了大都市的发展。"交通区位性"随着生产力发展成为重要的因素，拉开了不同地区的发展差距。

"交通区位性"成为对比传统乡村人居发展机会和发展前景的重要因素。长期以来相对均衡发展的我国广袤地区的传统乡村人居环境，因"交通区位性"的逐渐差异化而被分化为参差不齐的空间格局，被城镇化浪潮"重新洗牌"，其择业优势和生活发展预期价值也被后来的年轻一辈重新评估。

4.4.2　偏远地区传统村落在现代交通区位上的劣势

历史上无"交通区位性"、相对均质发展的广大农业地区村落，由于现代交通区位条件的差别而产生了越来越大的差距。正是因为乡村"交通区位性"差序格局的显现，那些在"交通区位性"方面处于弱势的传统村落，尽管它们在历史上曾有过各种各样的辉煌，但如今正承受着产业衰败、人口流失等沉重压力，趋向整体性衰败。

偏远地区传统村落在建造初期并未预见到如今现代交通方式的巨大变化。相比之下，传统村落选址更多考虑的是宗族大家庭

的生存和繁衍需要，而偏远地区尤其是山地环境的资源优势，能
提供更多样的食物来源，同时还可避开平原地区的战乱。此外，
在没有电力暖气和空调的时代，合适的气候环境也是需要考虑的
重要因素。当然，更为重要的是，在我国传统封建社会制度下，
官方"科举制度"和民间"耕读传家"共同作用，"重农轻商""重
农抑商"的社会价值观使传统村落并不需要更多考虑与外部便捷
的交通联系。当然，也有一些传统村落是在特定年代和特殊需求
条件下形成的，与当时交通线路相关。例如，"茶马古道"古驿
道上的村落，等等。这些古驿道上的交通方式仍以人行、马车或
驴车畜力等为主。

　　基于上述分析，有助于我们认识我国传统村落总体分布的特
征。从国家公布的《中国传统村落名录》来看，截至 2020 年，有
五个批次共 6819 个村落获得保护认证①。无论是从省域范围、还
是市域和县域的视角，可以看到传统村落的分布，基本上是符合
上述分析的特征（表 4-1—表 4-3）。不过，也正是由于这些传统
村落的交通区位比较偏远，现代交通难以达到，土地开发价值并
没有比较优势，没有遭受被征用和拆除的命运，所以它们在快速
城镇化发展阶段"幸免于难"。

表 4-1　中国传统村落省域排名前五（截至 2020 年）

排名	省份	数量（个）	约占全国比例
1	贵州	724	10.6%
2	云南	708	10.4%
3	湖南、浙江	614	9.0%

① 具体可参见《中国传统村落名录》。

续表

排名	省份	数量（个）	约占全国比例
4	山西	546	8.0%
5	福建	477	7.0%
小计	/	3069	45.0%

资料来源：《中国传统村落名录》

表 4-2　中国传统村落市域排名前五（截至 2020 年）

排名	市域	数量（个）
1	贵州 黔东南州	409
2	安徽 黄山	271
3	浙江 丽水	257
4	湖南 湘西州、怀化	172，169
5	山西 晋城	166

资料来源：《中国传统村落名录》

表 4-3　中国传统村落县域排名前三（截至 2020 年）

排名	县域	数量（个）
1	安徽 黄山歙县	148
2	贵州 黔东南州黎平县	98
3	云南 保山腾冲市	86

资料来源：《中国传统村落名录》

　　偏远地区传统村落在交通区位上处于劣势，其影响是深刻的。在快速城镇化过程中，虽然这些传统村落由于"交通区位性"的弱势而免遭破坏，但是也正因如此，它们在较长一段时期失去了与现代化同步发展的机会，加上大量农村青壮年劳动力离乡，使传统村落社会结构瓦解，并直接导致空间形态的衰败（图 4-6、图 4-7）。

图 4-6　地处浙江西部山地一村落的衰败景象

资料来源：作者拍摄于 2012 年改造前

图 4-7　福建山区一村落衰败景象

资料来源：作者拍摄于 2023 年改造前

对于平原水网地区的传统村落来说，也同样遭受了现代交通运输条件的深刻影响。当现代公路交通打败了水运交通之后，水乡村落的交通区位优势直转而下。公路运输的高效率远远胜过传统水运，导致原本处于河网水系环境下的传统村落纷纷衰败。

4.4.3 现代交通出行范围扩大，突破了传统"定居"概念

传统农业生产力条件下的"定居"概念是集生产、生活为一体的。传统农耕时代因人力和畜力合适出行的距离确定了相对合理的"家园"范围，"日出而作，日入而息"的耕作半径形成了生产、生活一体化的"村落"概念。

在当下，传统农业生产耕作半径因交通机动性的变革而改变，耕作出行的能力和范围更大了。这导致农业耕种和居住空间关系变得更为灵活和多样，"聚居"生产、生活一体化的基础发生改变，深刻重塑了生产关系及其社会结构。

机动车交通运输和出行方式改变了传统"定居"的概念。农业生产和生活场所不必紧邻，它们各自可以分开，"家园"范围可以更大。首先，在农业生产方面，机械化农业耕种的作业范围扩大，在同样的工作时间内，作业的田地范围更广。其次，在日常生活方面，农民可以"以车代步"。早期在农村，自行车的普及使用已经大大提高了出行范围，之后更换了机动农用车、摩托车等往返住宅和田间地头则更为方便。在发达省份地区，农村小汽车的普及率也在不断提高。这使年轻一代农民分户建房的宅基地选址范围更加灵活。加上农村核心家庭结构占为主导，过去与大家族紧邻聚居的必要性大为减弱。

现代交通出行范围扩大的结果，也使不同村落的居民到集镇集中居住成为可能。随着城镇化发展，乡镇政府所在地的镇区具有更好的居住条件。当地政府根据人口规模和相关规范要求配置公共服务设施，镇区的基础设施条件也更加便利。在有机动车出行的条件下，邻近村庄的居民更愿意定居在集镇。如果按照农用车行车速度每小时15公里计算，那么15分钟生活圈可以涉及约4公里半径范围。在以镇区为中心的15分钟范围之内的田间作业，都可以通过开车便捷往返。当然这个田间作业距离因人而异，或者可以更大。

现代交通出行范围的扩大促进了农民在镇区居住，使传统村落的村民更少地生活在村里。传统村落的老房子因种种原因不再被使用。长年累月无人居住，老房子的质量加速破败。

4.5 大城市生活品质和生活方式的吸引

4.5.1 当前我国城乡居住生活品质的差距仍然显著

首先，从住宅建筑质量上来看，大城市居住条件要优越于乡村。由于当时生产力发展水平限制，大多数传统村落住宅建筑质量和基础设施配套水平堪忧。虽然是建筑就地取材，造就了别具一格的建筑风貌，但是从现代宜居性要求来看，建筑防水、隔声、采光、室内厨房设施、卫生设施等方面远远无法满足现代人的生活需求。尤其是在室内卫生设施方面，一些传统村落的住宅建筑大多没有现代水准的室内卫生间设施条件，使日常居住生活十分不便。原有大家族聚居的"合院"形式的空间分布，难以适应现代核心家庭的生活功能。即使想进行内部功能适应性改造，也难以面对"牵一发动全身"的窘境。

　　其次，从基础设施条件来看，大城市的配置水平要优越于乡村。基础设施主要是指给水、排水（雨水和污水的排放与处理）、电力、通信、燃气、供暖、环卫（公共厕所、垃圾收集和处理）等方面。乡村的基础设施是否达到与城市同质（同一标准、相同质量）？饮用水是否干净安全、水压充足？有没有安全稳定的电力供应？有没有洁净安全的燃气供给？这些条件是衡量城乡差距的重要因素。然而，由于种种原因，我国大部分地区的乡村，尤其是偏远地区的村落，这些基础设施的配置是薄弱的。例如，一些地区的村落中还没有敷设排污管道，没有干净整洁的公共厕所（图 4-8），更不要说是污水集中处理设施。倘若是在过去，村落人口数量少，人畜粪便用于耕地施肥等再生循环，有限的生活

图 4-8　黄岩西部山区屿头乡沙滩村改造之前的室外破旧茅厕

资料来源：作者拍摄于 2012 年改造前

污水排放进入水体，也可能通过水流带动和水体自净作用而达到自然平衡的效果。但是，如今社会人们的生活方式发生巨大变化，对于生活便捷舒适程度要求大大提升。乡村基础设施条件的落后，使得城乡宜居性差距更为明显。

最后，从公共服务水平来看，大城市的建设水平要优越于乡村。公共服务主要是指医疗卫生和基础教育。乡村的公共服务主要是根据乡镇这个层级进行最为基础性配置。在不少地区，乡村公共服务主要是解决"有没有"的问题，还没有到"好不好"的程度。这对于城乡差距来说是重要的衡量指标。如果要留住乡村年轻一代，或是吸引年轻人"新乡人"回乡创业，就必须解决好公共服务这个"后顾之忧"。年轻一代创业者对孩子的教育和医疗甚为重视，如果身处偏远地区而无这些公共服务条件保障，那么，不少有孩子的家庭就会"望而却步"。

总体上看，当前我国城乡生活品质仍然存在较大差距。特别是对于偏远地区的村落，情况更是如此。如果传统乡村人居环境的建筑状况和设施水平难以满足现代人对生活品质的要求，那么，必然使村落中"能跑得动"和"有能力跑"的村民"离土离乡"，更不用说已经"跑出去"新一代年轻人，更是不愿再回到家园故土。

4.5.2　城乡就业机会悬差

农业机械化、现代化进程的加快，使农村产生了更多剩余劳动力，在粮食生产实现安全目标之后，剩余劳动力"没事可做"。在户籍政策没有放开之前，大量剩余劳动力被"困囿"于乡村，但在我国改革开放政策实施之后，城市中大量的就业机会使他们中的多数人都开始"逃离"乡村，前往大城市谋求生计。由于乡村缺乏充足的就业岗位和与城市相同竞争力的预期收入，所以乡村的劳动力只能"背井离乡"。

值得一提的是，在大量进城务工的乡村劳动力之中，有的是真正的农村剩余劳动力，即因为农业生产力水平的提升而"溢出"的劳动力，但也有来自经济欠发达地区，甚至十分落后地区的农村劳动力，这些劳动力不是"真正的"农村剩余劳动力，而是由于"弃农"所致。"弃农"是因为在城乡从业收入差距悬殊的情况下，主动放弃从事农业的选择。不管是因农业生产力水平提升而被动放弃务农，还是因落后农业生产力而主动"弃农"，都客观上导致了农村人口的大量流失，带来了乡村社会结构的巨变，导致传统乡村人居空间形态衰败。

乡村传统手工业的"覆灭"导致乡村产业萎缩，使乡村就业机会大为减少。大量乡村手工业工匠失业，也连带导致传统手工技艺失传。由于工业化生产的标准化和市场化规模效应彻底"打败"了乡村传统手工业，传统手工业就业人群"无所作为"。现代科技成果不断赋能日常生活用品，导致以前传统手工业产品基本上失去了用户。这些手工业工匠的就业"何去何从"？他们从祖辈或父辈那里苦苦地勤奋学来的"手艺"和长期积累下来的制作工具，又"何去何从"？时代变了，他们的子女或许不会再愿意继承这些祖传的手艺了，不少地方传统特色手工艺正在成为历史。

乡村人口大量流失，导致乡村商品市场只能维持基本消费水平，没有更多市场机会。缺少具有市场竞争力的乡土产业经济发展导致农村地区就业机会十分缺乏，并直接促使年轻劳动力在对比大城市发展机遇之后毅力做出离土离乡的选择。乡村产业经济基础薄弱，使农村集体经济收入和对基本公共设施和服务的投入难以为继。一些地区村集体经济"造血机能"丧失，几乎呈"贫血"状态。个别地方的贫困乡村唯有依靠"救济"才能脱贫。

相比之下，大城市（尤其是特大城市）地区就业机会猛增，不少职业收入期望值较高，吸引乡村剩余劳动力前往务工。在城镇化早期阶段，城市大规模开发建设提供了大量建筑业就业岗位，还有诸如家政业、医院患者看护等就业机会。在当下，随着科技通信、网络技术的发展，又出现了各种新的、技术门槛不算太高的就业岗位，如开网约车，送外卖快递，等等。这些城市外来务工者大多常年居住在城市，只有逢年过节才回乡村老家一趟。父辈们曾经生活的故乡，对于新一代年轻人来说，已成为"可去可不去"的地方。

4.5.3　大城市生活方式对年轻一代的吸引

大城市在"衣食住行"各方面的生活方式对年轻一代有着更多的吸引。无论是更为鲜亮的穿戴、多样而快捷的饮食，还是配有抽水马桶和热水洗浴的室内卫生间、具有燃气设施的厨房，到自驾车（或网约车）出行，再加上方便快捷的外卖和快递服务，"衣食住行"各个领域所带来的便捷生活条件，已经远远超越了传统村落的乡村环境所能提供的。尽管更多奔赴城市的年轻人在城里并不拥有属于自己产权的大房子，但是他们可以通过租赁的方式获得符合现代品质的生活条件。换句话说，尽管房间不大，但是样样俱全，也方便打理。相比之下，传统村落老房子虽然面积大，但现代居住生活的基本设施配备不全，居住体验欠佳。

大城市的就业多样性更加吸引年轻一代。大城市人口高度集聚所产生的规模效应，使各行各业分工细致，需要更多就业人群相互关联，形成高度分工、密切相关的产业链。这给予了年轻人更多就业选择。虽然一些年轻人收入水平不高，但是他们年富力强，可以通过经验积累而不断提升就业能力，提高收入水平。如果是在乡村环境下，这样的就业选择机会是十分有限的。

大城市在文化娱乐等精神生活方面更吸引年轻一代。大城市不仅人口规模数量大，而且人口结构多样、社会阶层多元，为年轻人的各种喜好提供了更多选择。无论是相对安静的书画活动，或是动感劲爆的歌舞，如今都可以通过手机网络建立各式文化娱乐或各种爱好的非正式小团体，让年轻人的精神生活获得相应的心理归属。大城市能为年轻人提供的就业和生活娱乐网络，以及所具有的现代价值标准和审美偏好，吸引着农村青年人追求更高品质的精神生活。相比之下，乡村环境下的精神生活类型是有限的。

大城市具有的人际交往方式更加吸引年轻一代。乡村生活下的人际网络是明确的，人际交往的角色是清晰的，虽然它可形成较好的规则规矩，但也带来相应的"社会控制"。这也许就是乡村社区的人际关系的功能。这一点在费孝通先生所著的《乡土中国》一书中阐释得生动又深刻[1]。年轻一代从内心深处向往自由，敢于冒险，勇于试错，不愿意被过于熟悉的人际关系所"控制"。而大城市人口规模数量大，人们每天要接触很多不同的人。大城市

---

[1]　费孝通.乡土中国[M].北京：北京出版社，2005.

日常人际交往的数量已经远远超出了人们的心理承受范围，即无法去一一了解所接触到的不同的人。于是，大城市人际交往的模式发生了根本改变，即人们通过社会角色去交往，而不是具体的"张三李四"。大城市社会角色交往的模式，带来了"隐姓埋名式"的自由，是一种"匿名性"的特征。这种大城市具有的人际交往的自由，是年轻人所向往的。

总之，大城市生活方式的自由特征，对年轻人来说是一种"福利"。这对于乡村的年轻一代，有巨大的吸引力。

4.6 小结

本章主要论述了传统乡村人居空间形态衰败的根本原因。为了说明这一点，本章从 5 个方面展开论述，一是以机械化为代表农业生产力突破性变革提高了农业生产效率，导致农村剩余劳动力涌现并"离土离乡"。二是农业生产力水平提升带来农村生产组织方式变革，以及大量剩余劳动力流失等原因导致聚落大家族社会结构瓦解，原有聚落空间形态已不再适用新的核心家庭主导的社会结构。三是工业化生产的标准化和城镇化促进市场化打败了传统手工业，使传统手工业这一在乡村社会结构中的重要角色几近覆灭。四是现代交通运输条件产生的"交通区位性"，导致偏远地区传统村落凸显了区位劣势，现代交通出行范围的扩大改变了传统"定居"概念。五是大城市生活品质和生活方式对于乡村年轻一代的吸引，特别是城乡就业机会的悬差和对自由精神生活的向往，促使更多乡村年轻人"逃离"乡村。

再回看本书第 2 章"生产力—空间形态"关系理论来看：传统乡村人居空间形态的衰败，正是由于其空间表象背后的社会结构的瓦解，更可追溯到生产力与生产关系的巨变。传统农业生产力决定的社会结构是呈现并支撑其空间形态的内核，当这一支撑瓦解之后，其空间形态的衰败就成为一种历史必然。正可谓，"皮之不存，毛将焉附？"

当然，传统乡村人居空间环境也不能就此"束手待毙"。在新的历史发展阶段，它又迎来"浴火重生"的希望。接下来的一章，我们将重点讨论"乡村进化"。

第5章　乡村进化

　　随着生产力变革和城乡关系的互动，我国传统乡村人居空间面临严峻挑战。从"乡村进化"视角来看，现代农业生产力对生产关系有哪些新要求？在新的发展阶段，乡村的竞争优势体现在哪里？要回答这些问题，就需要阐释当下乡村经济社会功能和空间形态之间的对应关系。

　　基于本书第2章"生产力—空间形态"关系理论模型，本章提出以新时代的生产力、生产关系和社会结构来重新定义传统乡村人居空间。这种新的生产力已经不是过去传统农耕时代的生产力，而应当具有鲜明时代特征。必须充分发挥传统乡村人居空间环境的竞争优势，特别是历史传统文化的独特优势，必须以城乡融合发展、共同富裕为导向，大力促进城乡要素双向平等流动，让传统乡村人居空间培育出"内生动力"，从而实现新时代传统乡村人居空间高质量发展。

5.1 从乡村进化的视角看当代乡村巨变

5.1.1 当前我国传统乡村人居环境面临的挑战

当前我国传统乡村人居环境面临的主要挑战可以概括为"三化两空"。其中，"三化"是指传统村落"空心化、老龄化、失能化"，"两空"是指传统村落农房空置的"人空、房空"现象。"三化"反映的是传统村落社会结构和经济动能的衰败，"两空"反映了传统村落物质空间的衰败。"三化"和"两空"二者相互关联、相互作用。人口数量减少的"空心化"和人口结构"老龄化"，必然导致生产能力、生存能力降低，使传统村落"失能化"严重，并导致"两空"问题严重，而"两空"反过来又加剧"三化"问题更趋严重。

有研究表明，我国传统村落人口流出导致空心化，不仅在经济欠发达地区（如贵州东部、东北部，以及湘西、山西等地）比例较大，而且在经济相对发达的江苏、浙江也有类似状况[①]。在江苏、浙江出现这一问题的地区，主要还是"交通区位性"条件相对较差的山地村落或离开大城市较远的偏僻传统农业地区。

从"社会—空间"关系的视角来看，我国传统村落社会系统的剧烈变化，将深刻影响传统村落的空间系统。随着传统农业生产力向现代生产力的历史跃迁，传统农业生产关系和社会结构已不复存在，那么，建构于过去社会关系基础上的空间关系就缺失了存在的依据。既有的聚落空间形式已经成为物质"躯壳"。留

---

① 郝之颖. 我国传统村落状况总体评价及几点思考：基于数据库的判识分析 [J]. 中国名城，2017（12）：4–13.

存至今的聚落物质空间环境难以支撑现代生产力条件下新的生产关系和社会关系。受制于当时相对落后的技术条件，建造能力有限，现存的聚落建筑空间环境和设施条件无法满足当代人的宜居需求。这是我国各地传统村落在经济社会改革发展时期被大量弃置或被拆除破坏的重要原因。因此，从生产力和生产关系与社会结构的关联性来认识，当下传统村落物质空间形态和社会活力普遍衰败的困境，是难以抗拒、难以避免的。

当下的矛盾焦点在于：一方面，我国传统村落的空间形态不再适合当代乡村新的社会关系，照理说是不适用了，可以被拆除；另一方面，传统村落的空间形态"记录"并承载着其发展过程中的历史文化内涵，其中不少是当地珍贵的非物质文化遗产的空间载体。它们通过历史的积淀，已然成为地方的人文瑰宝。还有一些少数民族地区的传统村落，是我国多民族文化交融发展的例证，是中华人居文明的重要组成部分，理应加以积极保护和利用。因此，纯粹"守旧"的做法，无法适应生产力生产关系的时代变迁，"拆除"则会毁灭乡村优秀传统文化的根脉。对于这个矛盾焦点，必须从"乡村进化"的视角加以系统认识。

5.1.2　乡村进化

近现代工业社会生产力水平发生了深刻的变革。在传统农业社会，生产力水平主要依靠劳动者体力劳动，辅之以畜力，劳动生产效率低下。近现代工业社会生产力水平主要依靠机器大生产，生产效率大幅提升。当代社会，生产力要素中的信息技术发挥了重要作用，使生产力水平更加提升，科技进步推动了生产力水平的迅猛发展。在当今我国广袤农村地区，由于机械化和现代信息科技的发展，相对于传统农业社会，农业生产力水平已经发生质的飞跃。

生产力变革导致生产关系随之变化，使传统乡村社会结构瓦解，并导致传统乡村人居空间形态衰败。现代农业生产力"解放"了农村劳动力，使大量劳动力"剩余"，过去在落后生产力条件下人们在农业生产过程中结成的人与人紧密的关系也随之瓦解。在此基础上，传统宗族垂直纵向的社会结构和聚落内部约定俗成的控制系统也遭受冲击，代之以水平横向的个体发展和法律法规控制系统。随着大家庭结构向核心家庭结构转变，原本的"合院"居住方式也缺乏相应的必要性，再加上与现代居住生活宜居标准的对比，传统合院的空间形态和聚落环境已无法满足社会变革的种种需求。传统乡村人居在社会变迁的过程中遭遇了取舍的困境。

农业生产力"质"的飞跃及其带来的生产关系、社会结构及其空间形态的巨变，本质上体现了"乡村进化"的过程。借用达尔文"进化论"（或"生物进化论"）一词，把它用在传统乡村的巨变上，可称之为"乡村进化论"。乡村进化本质上是农业生产力变革的必然结果。在乡村进化的过程中，由传统农业生产力促成的一系列、一整套乡村社会系统和空间系统，都将发生相应变化。由此来看，我国大量传统乡村人居空间形态不适应新的生产力发展需要、难以契合新的生产关系、无法适用新的社会结构，从而导致被弃置或拆除的命运，是一种客观必然。

从乡村进化的视角可以看到，当下传统村落物质空间和社会活力普遍衰败的困境是难以抗拒的历史过程。传统农耕时代生产力水平下的物质空间形态反映着当时的经济、社会和技术水平，其空间形态布局方式和设施水平，难以直接承担新时代的乡村社会经济功能和现代宜居生活水平。

"乡村进化论"建构的基础是本书第 2 章所提出的"生产力—空间形态"关系理论模型。在研究"生产力—生产关系—社会结构—空间形态"的线性关系基础上，提炼出"生产力"和"空间形态"的关联性，更清晰地揭示出生产力变革对于空间形态的重要性和深刻意义。这一理论模型的意义还在于，如果加以"反向"思考，即"空间形态"对于"生产力"的反作用，那又将是怎样的情形？那就是如何通过对"空间形态"加以合理且积极的改变来承载、培育或"催生"新的生产力？这个研究问题的提出，对于我国传统村落的保护和再生利用的创新理论开拓和创新实践方法探索具有重要的启发。

对于我国传统乡村人居空间的活化再生，必须从乡村进化论的视角加以系统认识。当代新的生产力条件下的生产关系已经发生了根本性的变化，对于传统村落的保护和传承，不能仅从美学、风貌特色或是从旅游者"猎奇"的角度去考虑如何"装饰"和吸引人气，而是要从现代农业生产力特征和对生产关系的新要求出发，从当代乡村的竞争优势去系统思考传统乡村人居空间的内生动力和功能再生。

5.1.3　现代农业生产力特征及其对生产关系的新要求

现代农业生产力以机械化占主导，高效率特征显著。随着农业机械化程度普遍提升，现代农业生产效率远远超出了传统农业依靠人力和畜力的水平。农业机械化只是提供了粮食生产效率的可能性，但是要真正实现生产效率，还需要具有相应的生产组织和大田作业条件。因此，基于粮食生产的现代农业生产力必然促使农业生产组织方式的改变，零散小规模的生产作业方式向大规模和集中式转变。这是现代农业生产力对生产关系提出的新要求。只有现代生产关系及时进行相应的改变，以适合现代农业生产力的发展，才能充分发挥生产力的水平。相反，如果农业生产关系不加以及时改变，那么，先进农业生产力无法发挥相应的作用。

随着现代科技研发成果不断应用于农业，生产关系的改变还将继续，特别是对于从事农业生产的人员数量和质量的要求也发生改变。一方面，不再像以前那样需要太多从事农业的劳动力；另一方面，对从事农业劳动力的知识和能力水平的要求越来越高。例如，当今数字技术不断赋能现代农业，大田作业开始采用"无人机"植保。据目前的科技水平，一台无人机植保的工作效率可以取代约60个劳动力手工喷洒农药。随着智能农业时代的到来，通过数字技术智能化控制的"无人农场"也将成为可能，现代农业将随之成为一种新的、技术含量较高的职业。

现代农业生产力和生产关系相互作用的结果，是从事农业生产的人员不需要像传统农业社会那样"分散而小规模"居住。传统意义上"住屋平面"的定居概念也将不复存在，那些分散而小规模的聚落方式面对迁并的要求。

从这个意义上来看，"迁村并点"具有其积极性，它反映了生产关系对新的生产力的调适。从乡村进化的视角，就不难理解当今我国各地发生的"迁村并点"的现象。"迁村并点"本质上是农业生产力水平发展到新阶段的必然要求。马克思主义关于生产力与生产关系之辩证关系的基本原理指出，生产关系对生产力具有反作用，如果新的生产力受到旧的生产关系束缚，那么，新的生产力就无法发挥作用；反之，在新的生产力发生作用时及时建立新的生产关系，新的生产关系将释放新的生产力能量，社会才能产生巨大进步。"迁村并点"以新的空间形态组织人们的居住生活，以新的"农村社区"社会结构支撑新的空间形态，为现代农业机械化、规模化生产提供保障。

然而，"迁村并点"应区别对待，传统村落应"排除在外"。传统乡村人居在历史发展过程中积累了丰富、珍贵的人居文化，不能在"迁村并点"的浪潮中被轻易"抹去"；相反，需要加以审慎对待。传统乡村人居拥有中华文化的瑰宝，是中华文化文明的重要基因库，是文化赓续、文明魅力和文化自信的宝藏。对待传统乡村人居，不能因为它们是过去落后生产力、生产关系和社会结构的产物而漠不关心、任其自生自灭，更不能粗暴地"一拆了事"。不能犯"把洗澡的婴儿和脏水一起倒掉"的历史性错误，而是要积极保护、应保尽保，把传统乡村人居的保护赓续和实施乡村振兴战略、中华民族伟大复兴工程紧密联系起来。此外，对于那些具有较长发展历史、具有一定历史文化遗存和文化价值、但没有被列入各级"传统村落"名录的村落，也要加以谨慎对待。由于种种原因，一些村落目前仅剩下个别历史建筑，而村落整体环境格局已被改得"面目全非"，或是仅存历史名人记载但无相应建筑环境。对待这样的村落，需要因村而异，及时加以调查评估规划设计，拿出更为妥当的实施办法。

在新的发展阶段，我国现代农业生产力出现"一、二、三产业"融合发展的特征。这将吸引不同类型的从业人群，促进新的生产关系和社会结构的建构。基于"生产力—空间形态"关系理论，"乡村进化"必将带来乡村社会结构的重塑。新的生产力和生产关系相互作用的结果，需要相应的新的空间形态来承载。原有的传统村落空间形态何去何从？它们将面临新的功能和形态的挑战，为更趋多元的现代乡村生产力带来新价值和前景。

5.1.4 乡村的竞争优势

适宜健康养生的乡村自然生态环境，在新的城乡关系互动中具有竞争优势。乡村的田园风光、相对洁净的空气和水质等，是人们在高质量生活阶段的追求。那些具有高负氧离子的山区环境、森林"氧吧"，是健康养生的绝佳选择。偏远山林里那些幽静的传统村落，提供了人们休闲度假的好地方。只要传统村落能够提供和城市同质的居住生活条件，那么，它们就和城市有着同样的产业发展和就业机会。

在互联网全域覆盖的新阶段，"交通区位性"已不再束缚偏远地区乡村的发展，它们和大城市处于"同频共振"的就业竞争环境。传统村落整体性衰败的重要原因之一，是来自生产力发展对于机动车交通的依赖性。这使广大交通区位条件落后的传统村落处于被淘汰和弃置的局面。长期以来，在依赖交通条件的生产力发展阶段，大城市已经把乡村远远"甩"在后面。然而，随着现代互联网等一系列便捷通信方式的发展，在无处不在的 Wi-Fi覆盖下，"交通区位性"性质发生了根本变化。人们对于工作地的选择更加自由。随着城市集聚产业要素的传统形式发生变化，乡村将再次成为人们居住选择的重要对象之一。随着互联网络、个人电脑、手机 Wi-Fi、远程视频等一系列现代通信工具的发明创造应用，人们工作内容和工作岗位所处的地理位置具备了从空间上分离的可能性。人们可以通过现代通信和作业方式远距离管理控制和操作设计，不必在生产第一线，不必在办公室内进行。人们终于可以摆脱城市空间的限制，重新回到大自然的怀抱。身处清新空气和绿色乡野，通过网络连接着任意遥远的地方，也许成为越来越多城市人的向往。因此，现代互联网发展已经引发了生产力新的革命，已经超越了信息革命初期的时空预想，颠覆了生产力发展对于交通依赖的传统模式。在这样的时代背景下，传统村落如果能够及时发展新的乡村产业，那么将会获得"破茧重生"的历史性机遇。

相反，大城市发展过程中积聚了越来越多的"城市病"，让一部分有条件迁居的人群"逃离"城市，向往"田园牧歌"式的乡村环境。大城市的人口过度拥挤给住房、交通、公共设施和基础设施带来巨大压力；大气污染、水环境、固体垃圾污染等严重的环境污染使市民健康受到影响而直接或间接地导致各种身体疾病，降低人们的生活品质和幸福指数。此外，在快节奏的大城市生活环境中，人们并不具有充分的安全感，承受着城市灾害威胁的忧虑，再加上人情冷漠、贫富差距拉大、社会矛盾冲突增加、快节奏的生活方式、市场机制下的激烈竞争、复杂的社会交往关系，以及在视觉上"混凝土森林"景象等工作和生活环境，给人们心理上带来巨大压力，深刻影响着当今大都市人际交往的模式和精神生活①。"城市病"的困扰催生人们对于田园牧歌式环境的向往。

现代价值观念和生活方式的多元化，将促发人们的居业新选择。一方面，一批城市年轻人追随自己的价值观"奔赴"乡村创业和定居，成为"新乡人"。如今在一些省份，已经有一些年轻人，不满足城市封闭的空间限制或"早九晚五"的工作方式，结成各种形式的"青年创客"联盟到乡村环境中放飞自由的心灵。在互联网支撑下，乡村田园牧歌式环境的图景，传统村落特有的历史人文积淀深深吸引着"新乡人"，激发他们生活的追求和创造的灵感。这将赋予现代乡村旅游以崭新内容。乡村青年创客与游客之间产生互动，更加促发"新乡人"创意积极性，也更加受到游客的青睐。只要对传统村落的物质环境适当加以改造，就能够满足多种多样的小规模的文化创意活动需要（图5-1、图5-2）。

另一方面，富裕起来的一部分"原乡人"返乡，重新树立振兴家园的价值观和信心。乡村青壮年劳动力"背井离乡"到城市打工，由于各种原因，他们中的多数人从事着较为繁重、体力消耗大、危险性高且收入低的工作。他们在城市中生活成本高，也难以产生身份认同感，而且，他们远离家乡，难以照顾家中老人和孩子。他们中的一些人不乏有志向且具有一定学历水平和创业能力的年轻人，也有一些人可能已经掌握了特定的生产技能，只是苦于在家乡找不到合适的创业致富机会。如果乡村能够提供合适的就业岗位和收入，具有与城市均等的生活设施条件和公共服务，那么，他们中的一些人可能愿意重返故乡创业并定居。

---

① 杨贵庆，戴庭曦，王祯，等．社会变迁视角下历史文化村落再生的若干思考[J]．城市规划学刊，2016（3）：45-54.

图 5-1 福建宁德某一传统村落老旧房屋改造利用为面包咖啡店

资料来源：作者拍摄于 2023 年

图 5-2 福建宁德某一传统村落宅院改造为"屏南乡村振兴研究院"

资料来源：作者拍摄于 2023 年

5.2 乡村经济社会功能与空间形态的对应性分析

5.2.1 分析模型

按照"生产力—空间形态"关系理论模型，社会经济功能与空间形态具有辩证关系，生产力水平最终决定着空间形态，空间形态对生产力也具有制约或促进作用。在不同历史发展阶段，生产力通过相应的经济社会功能实现对空间形态的影响。因此，特定阶段的乡村经济社会功能与其相应的村落空间形态之间具有明确的相关性。

随着生产力水平不断变革，现代科技农业发展就决定了现代先进的农业生产方式和大规模、分工组织的生产关系。

如果把传统农业生产力条件下的乡村经济社会功能比作"A"，把经济社会功能对应的村落空间形态比作"a"，那么，"A"和"a"在形态和意义上存在着对应关系。即传统农业生产力条件、大家族聚居方式和传统村落空间形态之间具有对应性，是一个相对完整的"社会—空间"系统。同理，如果把现代农业生产力条件下的乡村经济社会功能比作"B"，把和其相应的空间形态比作"b"，那么，"B"和"b"之间也存在对应关系。即现代农业生产力条件、核心家庭规模化集中居住方式的"新村""小区"之间同样具有对应性，也同样是一个较为完整的"社会—空间"系统。如图5–3所示，"A"推演"a"，"B"推演"b"，即"a"形式支撑"A"的经济社会功能，"b"形式支撑"B"的经济社会功能。

生产力水平从"A"到"B"变革进步，是历史发展客观必然进程，不可逆转。相对于经济社会功能的"B"来说，"B"出现之后，"A"

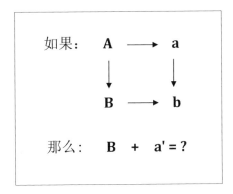

图 5-3　社会经济功能与物质形式的对应性示意
资料来源．杨贵庆，戴庭曦，王祯，等．社会变迁视角下历史文化村落再生的若干思考[J]．
城市规划学刊，2016（3）：50.

就必然消失。按道理来说，相应空间形态的"b"出现之后，"a"
就会被弃用。"a"既没有"A"功能的支撑，也无法直接支撑"B"
的功能，那么，"a"所代表的传统村落空间形态也只能被普遍弃
置。经年之后，它们受到风雨侵蚀而破败，如果不加以改造利用，
就会逐渐"消亡"。从这一点来说，当下传统村落空间形态"a"
被闲置、弃置的普遍现象，是一种历史进程的必然。这个分析，
可以从理论上解释我国传统村落，特别是那些历史悠久的、偏远
地区的山地传统村落普遍衰败的原因。

　　但是，对于我国历史传统文化的传承和赓续，传统村落空间
形态具有重要的物质文化遗存价值，是人类文明的重要遗产，成
为地方文化的重要组成部分。传统村落是中国传统文化和文明的
瑰宝之一，必须加以保护和利用。无论是它们所承载的历史和文化，
还是它们本身的建成环境价值，例如传统建筑技术系统和地方建
筑风貌特色等价值，都值得倍加珍惜。

因此，按照"生产力—空间形态"关系理论，从"乡村进化"的视角，有必要对传统村落空间形态"a"加以转化利用。因此，对于当今传统村落空间形态的保护和利用，只有通过积极改造"a'"，在保护"a"精髓的基础上，积极创新"a'"，为其重新定义新的经济社会功能"B"，使"a'"积极合理地承担"B"的要求。唯有如此，传统村落空间形态才能被传承和赓续，获得活化和再生。

在实际工作中，如何针对旧的物质空间形态"a"推向"a'"，将是一项具有创新意义的设计工作，也是本书第6章将着重论述的内容。

5.2.2　传统乡村人居空间演进的逻辑框架

传统乡村人居空间的演进过程具有其自身的逻辑。如果把"传统住宅"及其"空间关系"作为传统乡村人居空间形态的主体，那么，关于"乡村进化"的讨论，就是围绕这一主体，如何将它们从过去传承至今并永续发展？基于前述分析，我们建立了关于"传统乡村人居空间演进的逻辑框架"，如图5-4所示。

"传统住宅"和"空间关系"位于框图中间。它们是由"当时的生产力发展水平"（左栏上方）决定"生产关系"并形成特定"社会结构"而塑形的"空间"形态。它们承载了当时的"社会生活"。正是"社会结构"内核和"社会生活"表象的相互作用，为具体的"空间"形式提出了各种要求，并基于人们当时的建筑能力和设施条件，营造了"传统住宅"及其"空间关系"。这种建造活动和呈现的空间形态，反映了这个建造年代的"文化价值观念和审美"（左

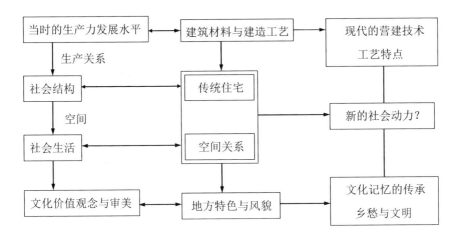

图 5-4　传统乡村人居空间演进的逻辑框架

资料来源：杨贵庆，戴庭曦，王桢，等 . 社会变迁视角下历史文化村落再生的若干思考 [J].
城市规划学刊，2016（3）：50.

栏下方）。它们通过建筑及其环境的塑造，固化为"地方特色和风貌"
（中间下方）。同时，"当时的生产力发展水平"也决定了特定
的"建筑材料和建造工艺"（中间上方）。这种以地方材料和建
造工艺为基础的建造传统，又通过"传统住宅和空间关系"的塑造，
成为"地方特色和风貌"的重要因素。

　　从乡村进化的视角，此处更要关注这一框图右栏中间"新的
社会动力？"由于"传统住宅、空间关系"组成的传统村落空间形态，
它所依赖的"社会结构"和"社会生活"不复存在，按理说"传
统住宅、空间关系"也已失去了存在的基础。传统村落保护和利
用必须思考其"新的社会动力"，即新的生产力、生产关系、社
会结构和社会生活的要求，从而使"传统住宅、空间关系"持续
发展下去。"新的社会动力"成为传统村落活化再生的重要驱动力。

　　那么，哪些"新的社会动力"可以为传统村落原有空间形态

的传承赓续提供新的"社会结构"支撑？从我国当下各地区发展的阶段和条件来看，并不存在统一的答案，也不应该是同一个标准。这需要针对我国不同地区、不同类型的传统村落进行深入调查研究，发掘其历史文化要素特质，精准"诊断"问题，针对其区域环境和自身条件进行分析，明确发展机会和可能，合理功能定位，并做好近期和远期、局部和整体、保留和改造等方面的周全考虑，走出一条符合该传统村落实际的再生之路。

此外，在框图右栏上方，"现代的营建技术和工艺特点"为传统村落的活化再生工程提供了技术支撑，成为实现"a'"的有效途径。"a'"作为支撑"新的社会动力"的物质空间形态，为"文化记忆的传承、乡愁和文明"（右栏下方）提供了可持续发展的载体。

5.2.3 为传统乡村人居空间重新定义生产力、生产关系和社会结构

基于"生产力—空间形态"关系理论可知，生产力对生产关系、社会结构的决定作用，反映在特定的空间形态上，并以特定的空间形态承载"社会—空间"系统的正常运行。反之，如果要活化和再生遗留至今的传统村落空间形态，就必须有相对应的新的社会结构和新的生产关系，反映新的生产力状态。这样，空间形态才能具有支撑内核，空间意义才能体现。如果没有新的生产力、生产关系和社会结构来支撑，即便是保护和修复传统村落空间形态，也只能是作为历史的、静态的、"博物馆文物"式的修复。当然，作为各个层级文保单位的建筑或构筑遗存，需要按照国家

文物法的相关规定执行修复工作。但是，对于大量传统村落非文保的建筑遗存，在保护和修复的方案设计中，需要考虑它的新功能，即修复之后如何满足新时代生产生活的要求。

从乡村进化的视角，要活化和再生传统乡村人居空间形态，应当因地制宜、因村施策。重要的是，以传统乡村人居空间形态特征为基础，匹配新时代生产力，培育与原有空间特征相适应的新的产业类型和业态，实现产业振兴。如此，才能吸引一批从事新的产业人群，"编织"新的生产关系和社会结构。也只有做到这一点，传统乡村人居才能实现历史性与现代性共生。在这个过程中，原有传统村落空间形态的保护和改造，不是被动的保护、"僵化"的改造。除了文物建筑需要按照规定"修旧如旧"，其他的建筑和空间环境不能如此，而要强调"修旧如故"。在保持原有风貌和主体特征的基础上，对不适合新生产力培育、新生产关系和社会结构生长的部分，加以积极改造。

那么，究竟有哪些新的生产力、生产关系和社会结构总体上匹配传统村落空间形态的特质？新的历史发展阶段，现代农业生产力的内涵更加丰富，其外延不断扩大。在现代互联网数字技术赋能的情况下，更多以"农"为基础的产业扩展，比如"农、文、旅"的多样化结合，为现代农业生产力拓展了产业链。如果有一些新的生产力、生产关系和社会结构的经济社会功能类型，总体上很适合传统村落的空间形态特征，只要稍加改造就可以植入新的产业活动，那么这些新的经济社会功能就是要找寻的目标。因此，对传统村落空间形态的活化再生来说，"生产力—空间形态"是一种双向互动的过程，是彼此"适配"达到"匹配"的过程。

传统村落的保护和利用，就是要把传统村落旧时的空间关系和当代的功能需求进行"配对"。当代人需要努力探索那些和村落空间整体性特征十分贴切或关联的新的社会经济活力，以传统村落空间形态的特质，让新的社会结构和生产关系释放先进生产力潜能，从而重新定义传统村落的社会学内涵，赋予新的社会学意义。只有这样，原有的空间形态与新的经济社会功能之间才能相互支撑，才能有助于切实保护和利用传承好传统村落，使当代社会背景下的传统乡村人居空间焕发新生。

5.3 重新赋能的生产力应具有鲜明时代特征

5.3.1 发挥生态环境品质优势，培育乡村经济社会新动能

留存至今的大量传统村落，其所处的自然生态环境质量总体上比较优越。由于地处偏远，山水环境优美，资源禀赋独特。例如，贵州、云南、浙江、安徽、福建等地的大量传统村落，它们所处地域的森林覆盖率较高，空气中负氧离子的含量较高，空气清新。这对于发展与自然生态环境、空气质量相关的产业来说，具有较强的竞争优势。例如，发展旅游观光经济、康养度假产业等。这些新产业契合了我国新阶段高质量发展、高品质生活的大趋势。发展这些产业需要相应的建设用地和配套服务设施，而传统村落正好有大量闲置房屋和场地，可以考虑面向休闲民宿等方向进行改造和利用。这样，新的经济社会动能就有可能培育发展起来。

以此来看，习近平总书记提出的"绿水青山就是金山银山"

（简称"'两山'理论"）科学论断对传统乡村人居空间的再生，具有重要的指导意义。这是因为只有乡村生态环境保护好了，才有可能吸引和发展与生态环境敏感度相关联的产业，才能把绿水青山变成金山银山。处在偏远地区的传统村落，虽然在机动车交通时代失去了"交通区位性"优势，但是它们在网络信息时代却赶上了同步发展的机会。拥有与城市相比十分优越的自然生态环境质量，相应的新的产业发展机会将纷至沓来，为传统村落空间形态的活化和再生注入新时代的元素。

在"两山"理论指引下，需要加大对传统乡村人居空间环境综合整治，充分彰显优越的生态环境本底，为吸引和发展新的生产力动能奠定基础。这就要求整体规划谋划，坚决整顿治理那些对生态环境造成污染的村办、乡镇企业，下决心转型或关闭这类对环境质量有负面影响的各类企业。要知道，游客或各类消费者是冲着优越的自然生态环境才来到这里，如果没有"享受"到好的空气环境，反而被企业的大气污染所侵害，那么，接下去将不会有人愿意再来。

例如，笔者于 2013 年开始在浙江台州市黄岩区屿头乡沙滩村开展美丽乡村规划建设，在此期间，曾遇过一家村办企业因其产品制作工序而引发空气污染的事情。这家企业生产厨房挂钩，其中塑料在高温压制成型的过程中产生有异味的气体，虽然量不大，但飘散在空气中，闻到之后令人很不舒服。本来非常清新的大自然空气被污染了，怎么还能发展高品质的产业呢？后来经过做工作，村干部的意识观念改变了，这家村办企业做了转型，为接下来的传统村落全面提升发展奠定了重要基础。

在优越自然生态环境的"环抱"中，被闲置的传统村落空间形态具有发挥再利用价值的基本条件。如果能够积极发挥和利用好传统村落空间形态的特质，做好与新的经济社会功能的"匹配"，就可能找到相适应的产业类型，或被外来投资者"相中"。

5.3.2 特色化、定制化的乡村经济前景

为传统村落重新赋能的生产力，其时代特征还体现在"特色化"和"定制化"方面。

首先是"特色化"。"特色化"是针对机器工业化过程中的"标准化"而言，正是因为"标准化"，促进了规模化生产，使大规模工业化生产的产品具有相同的品质。在以量取胜、靠规模效益为竞争力的生产方式面前，现代工业效益击败了传统农业效益，并击败了传统手工业效益，这是因为规模经济的胜利。正是由于规模经济的优势，城市完胜了乡村，并且完胜了因传统手工业而兴盛的集镇。因此，重新赋能传统乡村人居的新的生产力，不是传统农业和手工业，不是规模经济；相反，是反"规模经济"之道的特色经济。

因此，"特色化"要注重"非标准化"。举例来说，工业化制作杯子，采用标准化流水线生产制作，流水线上出品的每一个杯子都是一样的，而且必须是统一的标准品质才符合要求；那么，"特色化"制作杯子，就要强调差异，使每个杯子都不要一样，都是"唯一"的，才能体现个性，具有价值。这一理念赋予传统手工业以现代价值。过去，传统手工业制作杯子，工匠要努力做得一样才算"有本事"，虽然最终每个杯子还是有不同，但是工

匠的追求是要无限接近一致。而如今，手工业"追求"一致已经没有意义了，如果能特意追求不一样，则体现出在工业标准化时代的价值。在这样的理念下，现代手工生产杯子，是制作一项"艺术品"，是属于文创产品类型，它不以产量作为唯一目标。

这个价值观的转化过程有点类似西方绘画史中的写实主义画派。照相机被发明出来之前，写实主义画派以"谁画得更逼真"来衡量写实绘画技艺。文艺复兴后期的写实主义已经达到十分惊人的程度，后来被称为"照相写实主义"的画派，堪比照相机的真实和精妙。伦勃朗画笔卜的"葡萄"几乎从画中"呼之欲出"。当照相机被发明出来之后，追求逼真写实的绘画就没有意义了。画家的努力从此发生变革，开始朝着光影变化和色彩分析的方向发展，之后印象画派、抽象画派等应运而生。试想，如果当时画家不做出改变的努力，那么绘画行业可能就会被摄影行业取代，或许就没有今天绘画的地位了。

这对于我国传统手工业来说也一样。传统手工业被工业化标准化所"打败"，如果要保护、赓续和传承特定的非遗类型，就要以"特色化"来发展。当下的经济社会发展阶段，一部分富裕的人群，也会为"特色化"产品或"艺术品"买单。

其次是"定制化"。"定制化"是针对城镇化带来的市场化规模效应来说的。市场化、规模化的特点主要在于批量生产，对于那些在标准化之外的顾客的需求，就难以满足。例如，服装一般分为大、中、小三类尺码，最多还有超大和超小的两类。但是，对于那些需要非常合身尺码的并且有消费能力的顾客，就难以满足需求。在当今价值多元化时代，人们对个性化的要求是存在的，这就需要通过"定制化"途径来实现。那么，传统手工业就可以开展"定制化"的服务，从而使传统手工业非遗获得保护、传承和创新。

"特色化""定制化"的乡村经济具有广阔的前景，特别是在当今新的发展阶段，农业不再仅仅具有生产功能，同时也具有消费功能。第一产业一旦和第二产业、第三产业相结合，就可以产生新的消费类型和需求。在生产技术不断改进下，第一产业也可以跨越第二产业，直接和第三产业相结合，使传统的"次第发育"产业阶梯理论受到"颠覆"。如今，在数字技术赋能下，网络直播销售可以把田间地头的农产品，直接和世界各地的消费者联系起来。又如，在环境宜人、温湿度控制的草莓种植大棚内，家长带着孩子采草莓，开展亲子活动，并把采摘的草莓买了带回家。

相应地，在农业兼具消费功能的时代，传统村落也突破过去仅仅作为村民生活居住的功能范畴，开启传统村落兼具消费功能的时代。例如，不少地方传统村落开发各种类型的民宿、文创活动，把农、文、旅相结合。总体上看，兼具消费功能的乡村时代已经来临[1]。例如，在我国经济发达省份，传统村落中的大宅子，被改造成为环境宜人、具有乡土特色的餐饮消费空间（图 5-5）。现代农业兼具的消费功能，及其连带的传统村落兼具的消费功能，为实现传统乡村人居的历史性与现代性共生提供了可能和基础，为传统乡村人居空间赋予了新时代的生产力。

---

[1] FRANK K I, HIBBARD M. Rural Planning in the Twenty-First Century: Context-Appropriate Practices in a Connected World[J]. Journal of Planning Education and Research, 2017, 37(3): 299-308.

图 5-5 浙江桐庐县深澳村传统建筑改造成消费空间

资料来源：杨贵庆.乡村进化：从"生产力—空间形态"关系理论看传统乡村人居空间活
态再生[J].同济大学学报（社会科学版），2022，33（6）：71.

5.3.3 为乡村新的生产力赋予"文化芯"动能

文化是空间的"灵魂"。对于新阶段我国实施乡村振兴战略来说，文化振兴是乡村振兴的"灵魂"。我国各地大量传统乡村人居空间面对振兴的历史进程，特别需要以文化作为牵引，把文化融入产业发展、社会建设和空间营造。这样，才能使乡村现代生产力发展具有地方特色，具有竞争力。

以文化作为传统村落空间活化和再生的"灵魂"，要求对地方文化进行深入挖掘和精准提炼。在具体实践中，文化不是以抽象的概念存在，而是通过具体的载体和形式发挥其影响力。各地乡村传统文化的具体形式，有的是以物质形式承载，例如，传统建筑、街巷、水系、古桥、古井、古树等，也有的是以非物质形式承载，例如，地方戏曲、传统工艺等。不管是物质文化遗产还是非物质文化遗产，它们都是传统村落的独特内容，都是可以用来指引乡村新产业发展和空间营造的主题。因此，应充分挖掘村落的历史文化内涵，系统整理和深入挖掘村落的历史、文化要素，分析这些资源要素对于当代人的新的价值，发现它们有别于其他村落的独特性和不可替代性特征，并结合村落的保护，融入新的产业发展中去，成为新产业发展的品牌。

以文化作为传统村落新产业的"灵魂"，就如同为新产业植入了文化"芯"片，成为文化"芯"动能。乡村新的产业定位是基于传统乡村人居的文化底蕴和特色，是具有地方文化之"根"的特色产业，不是照搬照抄别的地方的做法。相反，要努力"做好自己"。只有这样，才能真正做到因地制宜、因村施策，焕发持久的文化魅力。一般来说，能够获得国家级"中国传统村落"或省级各类历史文化传统村落冠名的村，都有其自身的历史发展轨迹和文化资源积累，具有丰富内涵和独特魅力。村落保护和发展，应当基于这些资源，积极保护和利用，并传承赓续和发扬光大。

积极培育具有文化特色的乡村产业经济，成为当今保护和传承传统村落、实现其活化再生的重要出路。通过地方文化塑造"灵魂"，确定产业主题，统领传统村落的活化再生利用工程，统领系列配套服务业态。事实上，多样且深厚的传统村落历史底蕴和文化内涵，是能够与城市产业媲美的消费竞争力，而且，基于特

图 5-6　浙江台州市黄岩区宁溪镇直街村"二月二"传统灯会

资料来源：作者拍摄

色文化而发展的乡村新产业，更加低碳，更可持续，符合高质量发展和高品质生活的方向（图 5-6）。

　　如果缺乏传统村落自身的特色，没有抓住自己的独特竞争力，一味地"跟风"照搬照抄别人的做法，那么，最终会导致内生动力丧失，无法真正活化再生。一般来说，传统村落都有传统建筑、民俗风物，乃至特色餐饮小吃等方面的特色，都可以成为带动衍生旅游纪念品、当地特色农副产品、农家乐餐饮和民宿等新产业的机会，但是，如果没有文化"芯"，就会缺乏本地优势，容易失去产业的特色和方向，也不利于保护和利用好传统村落的特色资源。

5.4 城乡融合视角下的传统乡村人居空间特征

5.4.1 城乡融合发展与乡村进化

缩小城乡差别是实现中国式现代化的必然要求，需要通过实施城乡融合发展的战略来实现。只有在城乡融合发展中，乡村才能够获得新产业培育和市场发展的机会，才能促进乡村产业振兴，推进乡村进化，最终实现乡村全面振兴。因此，实施乡村全面振兴战略也必须要同城乡融合发展相结合，实现城乡居民的共同富裕，为最终消除城乡差别提供物质基础保障。

城乡要素双向平等流动是实现城乡融合发展的重要动力。在城乡融合发展趋势下，城乡要素双向流动为乡村振兴带来了契机。只有通过城乡要素双向流动，打破传统的城乡二元分割、对立结构，建构"城乡共构、城乡融合"的新型城乡关系，才能使乡村的产业经济充满活力，为乡村振兴注入发展动力[①]。

在城乡融合发展的进程中应保持乡村特色，实现高质量乡村进化。只有保持乡村特色，才能培育特色产业、对接特色产业。通过深入挖掘和精准提炼乡村传统文化特色，并将文化融入地方产业经济和空间环境建设，才能更加有效促进乡村振兴；反之，如果未能保护和传承好乡村人居文化传统，照搬照抄、千篇一律、一种模式、一个标准，那么，不仅将失去乡村历史文化遗存的特色，而且也将在城乡要素流动和城乡融合发展过程中失去发展具有竞争力的乡村新产业的机会和相应的市场机遇。

---

① 杨贵庆. 城乡共构视角下的乡村振兴多元路径探索 [J]. 规划师，2019, 35（11）: 5–10.

　　城乡融合发展过程中孕育了巨大的乡村消费市场。在我国传统农业社会生产力条件下，生产的主要目的是粮食或其他食物供给，总体来说，乡村是生产功能，消费功能十分有限。但是如今，随着城乡融合发展和各种要素流动，乡村也将兼具各种消费功能。所谓"绿水青山就是金山银山"，揭示了乡村优质生态环境吸引健身康养、休闲旅游度假等消费需求的发展规律。新的生产力赋能使乡村不再仅仅具有生产功能，通过一、二、三产业融合发展，兼具消费功能的乡村时代已经开启。这为开拓传统乡村人居发展的多元路径提供了广阔前景。传统乡村人居要因地制宜、因村施策，主动、积极地迎接并利用好城乡区域融合发展提供的契机。

　　乡村消费空间的承载主体是多元的，其中传统村落必定是其重要场所之一。如果能够提供现代化的宜居条件和相应的空间场所，同时又具有鲜明独特的传统文化内涵，那么，传统村落就会获得更多新时代发展机遇。

　　例如，当前一些地区把传统村落和创客空间营造相结合，就是在城乡融合发展视角下实施传统村落特色保护的有益探索[1]。创客空间场所营造是传统村落的有效活化途径之一。创客空间的场所营造需要文化内核，传统村落空间形态又可为创客产业提供支撑，二者十分契合。创客产业自身的灵活性，可以充分根据传统村落各类建筑空间遗存而"量体裁衣"，度身定制，发挥有利条件，转化不利因素，在保持传统村落整体风貌格局的基础上，重新焕发其新时代的魅力和生机。因此，各类创客空间场所的营造，

---

[1]　南晶娜. 特色保护类村庄创客空间的场所营造研究——以浙江黄岩沙滩村为例 [D]. 上海：同济大学，2022.

图 5-7　浙江台州市黄岩区宁溪镇乌岩头古村改造后的乡村艺术中心室内

资料来源：作者拍摄

既能充分彰显传统村落历史文化特色的魅力，同时又能为创客产业的培育壮大提供文化内核（图 5-7）。

5.4.2　城乡融合促进乡村人居更新的基础条件和政策供给

在城乡融合发展的新阶段，传统乡村人居空间更新将获得新机遇，同时也有发展目标方向和途径指引。习近平总书记指出："新农村建设的具体规划，要按照统筹城乡发展的思路，对推进新型城市化和建设新农村进行统筹安排，对城市发展建设规划和新农村建设规划进行统筹考虑。①"基于城乡融合发展的视角，为了更

---

① 习近平.之江新语 [M]. 杭州：浙江人民出版社，2007：221.

好地促进传统乡村人居空间更新，还需要具备相应的基础条件和政策供给。

　　一是要统筹好城乡融合发展的基础条件。具体来说，要以县（市、区）域为单元，统筹城乡基础设施和公共服务设施的一体化发展，建构覆盖城乡的数字基础设施，为城乡要素互动互促夯实可持续发展的能力。现代化交通环境、网络、数字技术等加强了城乡之间的联系，过去的"城乡二元分隔"结构逐渐被打破，新的"城乡二元融合"发展的时代已经全面来临。这在城镇化先发地区来看尤为如此。以城乡融合发展为目标，如果能做到整体规划建设城乡同样标准的基础设施，保障饮用水供应品质、污水排放处理标准、电力稳定、清洁能源、卫生条件、数字网络覆盖等；同时，能做到整体规划建设城乡均等同质的公共服务设施（特别是上学和就医），乡村进化就迈入了历史新阶段。在这样的新阶段，传统乡村人居空间形态活化再生，就具备了坚实的基础条件。

　　二是要建立城乡要素互动互促的政策机制。在顶层设计、政策供给的基础上，充分发挥市场主体作用，焕发新型乡村社会多元主体的积极性，形成共创、共赢的有效机制。城乡要素互动互促的政策机制是双向的，一方面，要让城市的要素能够"进村"。城市的商业资本、人才等能够顺畅流向农村。这不仅能使城市的商业资本产生效益，还能给乡村带来效益，是一种共同富裕的模式，而不是"富了老板，穷了农民"，更不是"杀鸡取卵"式的发展——资本的"攫取"导致传统村落特色资源遭受破坏。同时，人才向乡村流动的模式也是多元的，不仅是政府组织各类人才"下乡"起到带动示范作用，更重要的是激发社会各类人才到乡村创业发展，让社会团队和个人自发、自愿地到乡村，并且能够创业、成就事业。另一方面，要让乡村的要素能够"进城"。例如，通过提升农业产品的品质，生产更多优质的绿色农产品，成为城市人菜篮子、饭桌上的喜好。通过营造各类特色文化旅游产品，把"农、文、旅"深度融合，衍生乡村特色产业链，为乡村消费市场提供特色产品。

如果没有城市要素的激发和流入，那么，要让乡村振兴是困难的，因为无法形成消费市场。同样，如果没有乡村要素的激发和流出，那么，乡村的持续振兴也是困难的，因为缺乏自身的产业竞争力、内生动力。因此，城乡要素的互动互促、双向流动、平等流动，是城乡融合发展的要义，也是促进传统乡村人居空间再生的发展动力。各级政府、各类政策和机制应为要素流动提供保障。

当前，政策机制的保障面临着挑战，需要全面深化改革创新。例如，土地资源、房屋资产等细化确权和经营分配等方面的一系列政策法规，以及房屋租赁、财产安全保障、人身安全保险等一系列在城乡要素流动、利益交换过程中发生的问题纠纷和法律应对方案，还需要不断建立健全。

写到这里，笔者联想起一个德国城乡要素流动的案例，说的是一位乡村年迈农妇和一个城市年轻家庭之间需求交换的故事。柏林城市的一个家庭，一对年轻夫妇带着孩子计划周末到乡村度假，希望直接居住在一个有历史年代的村庄里，感受传统乡村的氛围，体验与大自然亲近的感觉。于是他们在网上找到一处乡村房子，一位年迈的老妇人居住于此，房子连带一个大院子。老妇人的孩子长大后到城市工作了，目前是独居状况。由于年迈，老妇人无法自己打理全部的房屋和院子。于是，周末两天，她将房子免费"出租"，但是希望来住的人也"免费"帮她清洁房屋、打扫院子。这样，两天免费出让，交换清洁家园。对于这对年轻夫妇来说，很愿意带着孩子一起体力劳动，既可以满足亲近自然的需求，参加采摘等农活，又可以省去一笔住宾馆的费用。住在村子里度周末原本就是他们所向往的。于是，"城"与"乡"双向的需求就达成了一致。

在这个故事里，涉及城乡要素双向流动的生动场景，不过，这一系列事情的顺利发生，需要有基础条件来支撑。首先，城乡之间具有相同生活质量的居住条件，例如水、电、燃气等方面的基础设施，以及家具设备等方面的品质差距不大。其次，在紧急状态下能够提供等同于城市水平的医疗急救措施。这样，年轻夫妇就不必担心年幼孩子在奔跑嬉闹时出现受伤的情况。除了这些条件之外，还有一些比较棘手的问题。例如，孩子在老妇人家里玩耍，由于自己不慎而摔跤受伤，是谁的责任？谁来承担医疗费用？医疗费用是否都有保险？会不会赖上老妇人？再者，如果在需求交换的过程中，老妇人由于自身原因恰好发生意外受伤或生命危险，她的家属会不会赖上在此度假的年轻夫妇？面对这些问题，如果没有相应周到完备的法律支撑，如果没有强大的医疗保障体系，如果没有人与人之间的诚信基础，恐怕前述场景将难以实现。

5.5　小结

在第 4 章论述我国传统乡村人居空间形态衰败的根本原因的基础上，本章归纳总结了其面临的挑战，并着重阐述了"乡村进化"的核心内容。基于"生产力—空间形态"关系理论，随着现代农业生产力的发展，新的生产力必将对生产关系提出新要求。尽管传统农业生产关系随着传统生产力的变革而瓦解，传统乡村人居空间面对新的农业生产关系和社会结构而"无所适从"，但是，在当今新的历史发展阶段，乡村仍然具有独特的竞争优势。

从乡村进化的视角，只要为传统乡村人居空间"匹配"好新的生产力、生产关系和社会结构，那么，传统乡村人居空间依旧可以"涅槃重生"。而这一相匹配的生产力必然具有鲜明的时代特征，是对城镇化、市场化导致的"大机器大工业"规模化生产方式的"反叛"。除了规模化农业生产跃迁之外，乡村手工业的发展也必须进化为现代乡村手工业。只有特色化、定制化的各种手工业类型才能开启乡村经济新前景，符合转型发展、高质量发展和高品质生活的新趋势。当然，重新赋能的新的乡村生产力不仅是现代农业，而且还包括"一、二、三产业"融合发展的产业，包括以传统村落历史文化特色为"文化芯"的各类创客产业。在新时代，乡村进化还必须从城乡融合发展的视角出发，积极做好城乡要素双向平等流动的基础条件和政策法律供给，使城乡共构具有可持续发展的动力。

第6章　传统乡村人居空间的活化再生

　　在"乡村进化"的理论指引下，我国传统乡村人居空间的活化再生必然要通过"创造性转化、创新性发展"实现。如何把我国历史悠久、内涵丰富、类型多样的乡村优秀传统文化加以深入挖掘、提炼并赋能当下的空间营造？这就需要把乡村文化加以"空间转译"，即通过空间形态的塑造让人们感知、体验乡村文化，并且通过"文化经济化"和"经济文化化"的双向对接来引导消费、创造就业，实现高质量发展和共同富裕。这是一个类似传统乡村人居空间"再生产"的过程，其中，乡村文化是其空间的"灵魂"，而"创造性转化、创新性发展"是传统乡村人居空间保护和利用的"法宝"。在这方面，浙江省历时十年的历史文化（传统）村落保护和利用的实践已经提供了卓越的浙江样本，浙江省台州市黄岩区的乡村规划建设实践正是其中的一个探索案例。

6.1 传统乡村人居空间的创造性转化和创新性发展

6.1.1 我国传统乡村人居环境的功能失衡及空间失衡

当传统农业生产力和生产关系发生根本性变革，在此基础上构建起来的一整套"社会—空间"系统就随之发生剧烈变化。在这个变革过程中，首要的是乡村生产方式发生变革，接着，相应的乡村社会结构发生变化，乡村生活方式也随之发生转变，那么，乡村的空间需求就必然相应改变，连带的乡土文化习俗也逐渐发生变迁，如图 6-1 所示。

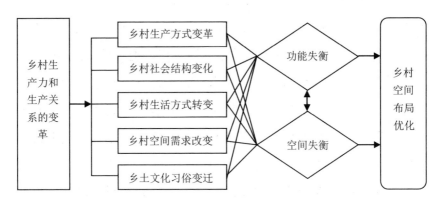

图 6-1　基于生产力生产关系理论的乡村空间优化布局框架

资料来源：杨贵庆，关中美. 基于生产力生产关系理论的乡村空间布局优化 [J]. 西部人居
环境学刊，2018，33（1）：5.

以上的乡村"社会—空间"系统的剧烈变化，都给传统乡村人居空间造成"功能失衡"和"空间失衡"，使传统乡村人居空间形态难以适应新的发展要求。反馈到不同地区的大量的传统村落聚居形态上，就导致了物质空间的衰败趋势。相应地，乡村地方文化特色正在逐渐衰亡。一些原来具有丰富乡土文化的内容和

形式，都不同程度地受到破坏，甚至失传。

我国历史上长期农耕文明发展留下大量的传统村落，承载了不同历史时期的民俗风物，成为中华文化物质遗产和非物质遗产宝库中不可替代的瑰宝。然而，传统村落毕竟是当时传统农耕生产力条件下的产物，其物质表象背后的生产关系、社会关系等都发生了历史性变革。因此，留存至今的物质空间环境难以支撑当代生产力条件下新的生产关系和社会关系[①]；而且，过去的物质环境建造能力也受到技术条件和水平限制，无法满足当代人更高的宜居需求。

现存的传统乡村人居空间是历史延续下来的，它们是否还能够担当起新时代的经济社会功能？如果传统村落保护传承是中华文明传承赓续的重要组成内容的话，那么，当代人就需要努力探索以下问题：如何让传统村落通过更新改造而"活"在当下？如何不断传承赓续传统村落并使之迈向未来？只有这样，才能使我国传统乡村人居空间"活态再生"，使之进化为美丽中国图景下重要的人居类型之一。

这个历史命题需要当代人直面回答。图 6-1 右侧，"乡村空间布局优化"就是解答这一命题的关键路径。"乡村空间布局优化"既包括对现代乡村经济社会功能所构建的"社会—空间"系统确定发展目标，也包括对乡村人居空间形态加以系统的布局优化，通过取舍、扬弃，以"创造性转化、创新性发展"（以下简称"双创"）实践来完成乡村进化过程。

[①]　杨贵庆，关中美.基于生产力生产关系理论的乡村空间布局优化 [J]. 西部人居环境学刊，2018，33（1）：1-6.

6.1.2 创造性转化和创新性发展

"双创"是当代我国传统乡村人居空间活化再生的必由之路。其中的三个关键词是"创造性""转化"和"发展"。首先，"创造性"是最关键的，是灵魂，它统领"转化"和"发展"，是在贯穿过去、当代和未来的历史逻辑下确定的崭新的而又独特的进化方式。其次，是"转化"，包括"转变"和"化为"的两个重要环节。再次，是"发展"，包括"开发"和"拓展"两个重要步骤。因此，"创造性转化"是对传统村落中既有的历史文化和物质环境进行在保护基础上的传承，在尊重优秀传统文化特质的基础上，对其中的精华部分进行"转"变而"化"为当代人所喜闻乐见的意境和状态。而"创新性发展"，就是对原来系统或形态的不足成分加以分析，并针对传统文化的精髓本质及其自身演绎逻辑加以推演，进行开"发"和拓"展"，从而丰富和充实新的系统意境和形态内涵，并发挥其经济社会价值。

传统村落整体空间系统和格局作为"社会—空间"系统的逻辑，是传统村落遗产的精髓之一。如果深入理解传统村落的整体价值，发掘传统村落蕴含着的丰富哲理，那么，就能提升认知水平，有助于开展整体性保护，开展创造和创新工作。例如，开展对传统村落空间格局和肌理关系的整体性保护，从整体空间格局和意境中提炼并传承其精髓本质。将有助于在当下的规划设计和建造实践中，既科学理性地对待建筑实体，又照应和开拓空间的社会价值内涵。

传统村落"建筑之实"与"空间之虚"二者辩证统一的关系，

揭示了它们具有同等的重要性①。建筑实体本身具有历史文化保护价值，而建筑实体所界定的空间本底同样是传统村落保护和利用的对象。通过"双创"过程，超越传统村落物象本身，抽象出更高层次的整体观。

对传统村落开展"创造性转化、创新性发展"的实践，是一种积极保护，而不是被动保护。应针对村庄现有的各类建筑设施加以区别对待。例如，对于各级挂牌文物的建筑或构件，应当采用"修旧如旧"严格保护的修缮方法。而对于大量非文物的传统建筑，保护的重点是建筑整体风貌和传统街巷空间格局，要做到"修旧如故"。"如旧"是同原来的一模一样，"如故"是外在风貌上的协调，内部则加以更新改造。

在"双创"指引下，对传统村落保护和利用的实践过程，就是一种"扬弃"的过程。既不能静止地、僵化地对待传统村落建筑空间遗产，把它们当作"文物式"的保存、保护不加以积极利用，导致无法与当下社会文化生活相融合；也不能不加分析地予以全部拆除然后再造"假古董"，导致无法把传统文化引领到未来。对传统村落空间关系进行"双创"，体现了辩证唯物主义历史观。

6.1.3 乡村人居空间的历史性与现代性共生

对传统村落进行"双创"的目的，是要实现乡村人居空间的历史性与现代性共生，实现保护和利用的双赢，从而实现乡村进化。其中，传统乡村人居空间的历史性，是指其空间形态的表征系统，

---

① 杨贵庆. 有村之用：传统村落空间布局图底关系的哲学思考 [J]. 同济大学学报（社会科学版），2020，31（3）：60-68.

拥有特定的地方传统文化元素，承载地方非物质文化遗产内容，整体上反映地方传统风貌特征和意向。相应地，传统乡村人居空间的现代性，是指其空间形态的功能系统，拥有现代标准的设施基础，满足当代人生产、生活的使用需要，体现当代人的多元价值追求。

如果要实现传统乡村人居空间的历史性与现代性共生，就要处理好"保护"和"利用"二者辩证统一的关系。保护是利用的基础和前提，利用是保护的活化和动力。若没有对传统村落文化遗产的精心保护，就无法实现存续，更谈不上利用。反过来，如果不利用好文化遗产，那么就将失去保护的价值和意义。处理好"保护"与"利用"的关系，就要实现传统村落历史性与现代性共生的具体行动。一方面，"现代性"要求传统村落的保护工作要在加以利用的愿景下开展。这就要求做好整体规划设想，按照利用的导向做好保护工作。另一方面，"历史性"要求传统村落的利用工作要在切实保护好文化遗存的基础上进行。在历史性与现代性共生的目标指引下，一是要切实保护好传统村落各类文化遗存。通过文化挖掘，去芜存菁。按照传统村落的文物建筑、历史建筑和传统风貌建筑的分类等级进行针对性保护，并保护好古树、古桥、古池塘水系等组成传统村落空间格局的各种要素，加强对非物质文化遗产的整理保护，从而形成鲜明的传统村落文化体系。二是要积极开展合理利用。通过利用好传统村落文化遗产，引导传统村落保护和有机更新的方向，让传统村落为当下的村庄和村民带来经济收益，增强村民的传统文化自豪感和自信心，从而使村民更加自觉地保护村落环境。

如果要做到传统乡村人居空间的历史性与现代性共生，就要处理好"传承"与"创新"二者辩证统一的关系。"传承"是对传统文化的赓续，"创新"是对传统文化实现当代性和未来性的推演。一方面，要实现传统文化的传承，必须以保护为基础，实现文化脉络的一致性。另一方面，要实现传统文化的创新，必须以利用为途径，实现文化脉络的演进发展。因此，传承是文化创新的前提，创新是文化传承的动力。以历史性与现代性共生的目标指引传统村落的传承和创新，就是把传承和创新有机融合，更好地将保护和利用相统一，从而高质量实现传统村落空间形态活化再生。在传承与创新的辩证关系中，创新是关键。创新既需要对地方历史和传统文化予以深度认知和领会，又需要对当下产业经济发展规律和市场消费特征予以敏锐熟悉和把握。在此基础上，创新赋予传统文化遗产以新内容、新形式和新业态，从而实现经济价值，提升乡村产业发展的文化"成色"。否则，可能导致"伪创新、乱创新"，导致不伦不类或面目全非的"破坏性建设"。因此，特别需要因地制宜、因时制宜，把传统村落文化特色和产业经济发展有机融合。通过创新实践，既保护和建设传统村落，又为当地老百姓带来切实的经济收入，改善人民生活。

传统村落的历史性与现代性共生的本质是文化与经济融合，突出为"人"的发展。一方面，在当今城乡要素双向流动的趋势下，为充分发挥传统村落的资源优势，努力把地方文化特色和旅游经济发展相融合，创新开辟特色产业渠道。例如，把特色农业和旅游"嫁接"，把传统村落的文化资源和乡村旅游"嫁接"，从而形成"农文旅"特色产业。这样，既可以充分利用当地物质文化和非物质文化遗产资源，减少对乡村生态环境的破坏，又可以吸引城市居民到乡村旅游、游学，促进城乡要素双向平等流动。"农文旅"产业是"绿水青山就是金山银山"的重要转化路径。另一方面，在特色产业发展过程中，应着力开辟村集体经济增长渠道，增加村民收入。乡（镇）和村两级领导班子应组织带领广大村民参与，共建共享，让村民在家门口就业创收，开拓共同富裕路径，使产业发展收益惠及广大村民。

6.2 以"文化经济"思想指引传统村落"双创"

6.2.1 习近平总书记关于"文化经济"的论述

习近平总书记在《之江新语》中论述道："所谓文化经济是对文化经济化和经济文化化的统称，其实质是文化与经济的交融互动、融合发展。"文章进一步论述了"文化经济"的本质，指出其本质"在于文化与经济的融合发展，说到底要突出一个'人'字"[①]。

"文化经济"是一个极其重要的创新论述。一直以来，"文化"和"经济"这两个词语通常都是分开独立表述的，总体上呈现的是静态特征。习近平总书记将这二者联系起来，阐明了"文化经济化"和"经济文化化"的互动作用过程。此处的"化"字，是"化为""转化"的动态过程，体现了将"文化"和"经济"两者打通，双向交互，融合发展。在注重"文化"建设时，要考虑以"文化"

---

① 习近平. 之江新语 [M]. 杭州：浙江人民出版社，2007：232.

推进"经济"发展，在发展"经济"的同时，也要考虑如何体现"文化"内涵和促进文化进步，"文化经济"发展的出发点和落脚点都是为了人民。

历史文化不只是用来看和学习的，还应该是可以拿来用的。习近平总书记的"文化经济"思想为传统乡村人居的保护和利用指明了方向。"文化经济化""经济文化化"，就是把传统乡村人居的历史性与现代性紧密结合，让古村落活在当下。通过创造性转化、创新性发展，实现传统乡村人居空间形态的活化再生。新的业态是基于传统文化脉络和内涵的，同时又满足了当下的消费需求。传统乡村人居的文化经济化既可以走大众化的路线，也可以走高级定制化的路线，或兼而有之。只有通过新的生产力赋能，功能注入，才能让传统乡村人居空间形态得以活化和再生，传统文化才能得以赓续、传承和再创造。否则，如果没有新的生产力动能，仅从表面去清洁、美化、照样翻修或重建传统建筑，就无法让传统乡村人居的空间形态"活"过来、传下去。

把习近平总书记的"文化经济"思想应用于传统乡村人居空间的保护利用工作，为之提供了解放思想、明确方向的法宝。以习近平总书记的"文化经济"思想为指引，从认识论高度确立传统村落文化与经济的辩证统一。

6.2.2　文化与经济辩证统一

根据习近平总书记"文化经济"的重要论述，"文化"与"经济"具有辩证统一性。一方面，传统乡村人居蕴含丰富的文化内涵，是一个地方长期发展的文明积淀，其所凝练成的物质和非物质文化遗产，成为组成中华文化体系不可或缺的瑰宝。然而，传统村落文化遗存毕竟是静态的，如果不通过活化的方式使其产生效应，其价值就难以被广为认知。因此，要把静态的文化内涵应用于当下的经济活动中，产生能够实现消费的增值效应，从而实现"文化经济化"。另一方面，虽然传统村落的活态再生离不开经济动能，但是如果一味地"就经济论经济"，就会缺乏本地特色，缺乏产业的核心竞争力和可持续性。如果把发展经济和传统村落文化特色相融合，就会赋予产品以"灵魂"。一般来说，当产品的功能相等值，人们可能更愿意为蕴含文化内涵的产品而消费。这是因为消费者不仅可获得产品的使用价值，而且可增加使用产品过程中的心理价值和文化价值。这就是"经济文化化"的过程，它是实现乡村产业经济高质量发展的重要途径。通过实现文化与经济的交融互动和融合发展，才能更好地实现文化与经济的辩证统一。

在传统村落保护利用实践中，往往存在孤立看待保护文化和发展经济的现象。这主要是因为把文化与经济发展对立看待，从而导致顾此失彼的困境。例如，采用僵化的、博物馆式的方法保护传统村落，忽视了把村落保护与村民对现代宜居生活的需求相结合，忽视了与积极利用文化遗存相结合，对非文物的建筑也采用"修旧如旧"，使修建之后房屋的宜居性不足，难以利用而面临再次老化。又如，受经营效益支配，一味迎合市场需求盲目跟风，却忽视甚至丢弃了自身的文化特色。究其原因，是没有深层次认识传统村落文化与经济的内在关联，没有处理好保护与利用、传承与创新的关系。

6.2.3　更好实现传统村落文化价值与经济效益的转化

如何有效实现传统村落文化内涵的资源优势向经济效益的转化？如何在"文化经济"思想的指引下，更好地实现传统村落"创造性转化、创新性发展"，从而实现中国式现代化的乡村进化？基于多年来乡村调研和规划建设实践，笔者提出以下四个方面的认识和建议。

（1）树立鲜明的文化主题，打造独特的文化品牌

文化是乡村振兴的"灵魂"，对于传统村落活化再生的系统工程来说，特色文化内涵就是传统村落振兴的"灵魂"。历史文化要素是传统村落的最大资源，具有地方历史文化特色的乡土文化是发展乡村新产业、培育经济新动能的核心竞争力。在实施乡村振兴战略的进程中，应深入挖掘乡村文化遗产和乡村人居文化的空间价值，更好地把握乡村人居文化资源活化再生的要义，通过"文化定桩"[①]，赋予物质空间环境以文化灵魂。这对于做好乡村优秀传统文化的传承和创新、实施好乡村振兴战略具有重要意义。

（2）尊重自然山水格局，营造乡村特色风貌

空间形态与自然环境浑然一体、相得益彰，是传统村落的魅力和价值所在，应当受到深刻理解并保护传承。其中主要包括两个方面：自然山水格局的保护赓续和建设风貌的保护传承。

首先是传统村落与其周边自然环境地形地貌和建设条件的有机结合。它反映了先民关于定居选址的理性思考和生态智慧。如

---

① 杨贵庆,肖颖禾.文化定桩：乡村聚落核心公共空间营造——浙江黄岩屿头乡沙滩村实践探索 [J].上海城市规划，2018（6）：15-21.

果要实施保护和利用改造，应当注重尊重和保护传统村落整体空间格局与周边自然山水的相互关系，深刻理解先民在定居选址中的风水理论背后朴素的科学原理，并在保护和利用过程中加以重视，切勿在改造过程中由于认识不足而导致"建设性破坏"或"破坏性建设"。

例如，传统村落的水系是特别重要的空间系统，在保护和利用过程中应加以重视。过去因建造工程机械水平的不足，聚落选址和建设往往十分重视与地形条件有机结合，因地制宜。为了防范强降雨导致的洪涝灾害，传统村落的整体排水系统往往十分严密，把房屋周边、大小场地等地面雨水通过各级水渠、河道与水塘等形成排水系统。这些排水沟渠，有的是以明沟、明渠方式顺着村落主街小巷的一边，也有的是通过暗沟相连。在暴雨季节，这个排水系统可以快速汇集雨水并排出村庄，有效地满足了收集雨水和排涝需要。在当今，由于修建拓宽道路之需，往往忽视了过去的排水沟渠，造成其被填埋和堵塞，使整体排水系统失去作用，反而导致部分房屋周边、地面积水严重。

其次，是乡村建设风貌的保护和传承。它主要包括建筑风格、建筑层数、建筑体量和建筑色彩等方面的要求。传统村落之所以具有景观视觉魅力，让游客纷至沓来，拍照留影，正是因为它们的建筑本身和建成环境具有和其他地方所不同的特色，而这种独特性正是观光旅游价值的体现。乡村建设风貌的这种景观视觉价值，通过观光旅游消费活动而转化为经济效益。因此，要加强对乡村建设风貌保护和传承的整体性认识，以整体景观视觉审美来统领村庄建筑改造。变化中有统一、统一中有变化。重要的空间节点（沿主要游线、公共空间）的建筑新建、改建等建筑立面风格和风貌管控，应十分严格。只有通过对一个个建筑风貌的严格把控，才能使整体景观风貌印象获得"高分"。

对于大量非文物的传统建筑来说，有些建筑质量已经很差，难以使用，需要对其加以改造，提升宜居性，满足当下的新功能。在改造过程中，必须审慎分析论证，保留什么，拆除哪些，增加什么，需要以村落的空间形态特质和整体发展定位来统筹考虑，这是一种严谨的有机更新的工作过程。

（3）积极建设"效益样本"，提升集体经济和村民收入

通过改造和提升村庄闲置公共建筑设施、重点街巷和重要公共场所节点的环境品质，营造兼具村民活动需求和游客观光活动的特色空间，成为"效益样本"，产生经济效益。"效益样本"是指通过租赁、共建等多种方式，对村庄废弃、闲置的建筑设施或场地加以积极改造利用，形成具有经济效益导向的消费空间。一方面，消费功能的导向需要对接城市要素，能够让城市的各种要素"流动"过来；另一方面，消费空间的建设需要体现传统村落的文化特色，让固有的（而不是抄袭的）的文化内涵体现在当下的消费活动中，从而实现传统村落文化价值向经济效益转化。

"效益样本"的新功能，不仅需要结合地方特色、考虑本村本地村民喜闻乐见的民俗文化活动，而且还要结合当前城乡互动关系下的城市居民作为观光、休闲等旅游活动的需要，考虑当前和未来城市生活中一部分工作和生活功能的迁移。

例如，在"双创"指导下，以对接城市要素的消费活动为导向，对传统村落公共空间加以改造利用，创造"效益样本"。通过风

貌特色要素的现场调查和深入分析，经过梳理和提取，一方面要发挥村落特色传统文化优势；另一方面要对照新功能的要求而加以改造。这样，就能够使改造后的公共空间服务于新的城市要素。

　　研究和实践发现，抓住传统村落核心公共空间营造是一种积极有效的方法[①]。这是因为，我国传统村落发展演进过程中积淀了丰富的文化内涵，村落的文化性、社会性和空间性三者之间有机对应关系较为集中地体现于村落的"核心公共空间"，呈现了村落的文化精神、共有意识和社会关系特征。由于历史社会变迁等原因，如今核心公共空间内在功能和外在风貌都不同程度地衰败了，但是它在村落中所处的重要几何位置，以及它四周界面的历史建筑和构筑，仍然是促进传统村落保护和利用、推进乡村振兴的重要"穴位"。如果加以"点穴"启动，在保护村落历史文化的基础上，积极拓展当代新的功能，将达到积极效果。

　　又如，在尊重村落整体空间格局的基础上，因地制宜改造利用既有建筑，创造"效益样本"。充分利用被弃置的集体权属性质的建筑和场地，在对村落建筑性质、建筑质量、用地和建筑权属等进行深入调查的基础上，分别列出保护等级和具有潜在改建再生价值的各类建筑。根据保护和再生规划所确定的新功能和活动内容，对建筑室内和室外场地进行精心设计和整治建设，再现传统村落的空间格局、文化内涵和历史景观特色，塑造宜居、宜业、宜游的乡村人居环境。

---

① 杨贵庆，肖颖禾.文化定桩：乡村聚落核心公共空间营造——浙江黄岩屿头乡沙滩村实践探索 [J].上海城市规划，2018（6）：15-21.

（4）提升基础设施水平，倡导"适用技术"应用

要实现传统村落文化价值向经济效益转化，必须提升乡村基础设施水平，满足现代化生活消费需求。基础设施不仅包括服务于本村居民的道路、供排水、电力、通信、供暖、公共厕所等一系列日常基本运行的内容，而且还包括为发展乡村文化产业所需的相关基础条件，例如 5G 网络的全覆盖、合适的夜间景观照明、一定规模的停车场等，必要时还需考虑大巴车辆停放。结合村庄规划，做好基础设施总体布局和规划建设。如果没有较为完备的基础设施建设，即便是有再玄妙的文化品牌，也无法给消费者带来舒适的体验，也就无法实现文化的经济价值和社会价值。

当前我国传统村落保护改造建设过程中，面对城市要素的引入，尤其要注重各项基础设施建设和提升，特别是注重饮用水质安全、电力电压稳定、生活污水排放处理等设施保障。这样，既可满足村民现代生活水平的要求，又可尽快缩短和城市的差距。对于那些有条件的传统村落，可综合考虑地下管网、将架设电线改造为地埋方式、灯光照明、地面铺装、地方种植、景观小品等，以提升村落街道空间的自然景观环境品质，为活动人群的使用提供便捷性。

在传统村落基础设施改造提升方面，"适用技术"大有"用武之地"。"适用技术"是适合地方气候、建设条件和建造工艺传统，因地制宜、就地取材的建造技术，不是昂贵的技术。适用技术适合传统建筑更新改造，应加以推广应用[1]。

---

① 杨贵庆，吴亮，等.黄岩探索——新时代乡村振兴工作法 [M]. 上海：同济大学出版社，2023.

6.3 "文化经济"引领浙江省历史文化（传统）村落保护和利用

6.3.1 浙江省传统村落保护利用取得的成就

从 2003 年开始的浙江省"千村示范、万村整治"工程（以下简称"千万工程"），久久为功，始终十分重视乡村传统文化保护和利用。从 2012 年开始，浙江省率先在全国实施历史文化（传统）村落保护利用项目。2022 年 9 月 9 日，"浙江省历史文化（传统）村落保护利用十周年座谈会"在浙江桐庐举行，主题为"从古到今向未来'浙'里古村再出发"。座谈会回顾总结并分享了自 2012 年至 2022 年浙江省取得的典型经验和创新实践。从公布的数字来看，从 2012—2022 年这十年间，浙江省省级保护利用重点村已达 432 个、一般村 2105 个，挖掘保护省级以上非物质文化遗产 1128 项，探索出艺术赋能、产村融合、片区联动等活化利用模式，村集体经济收入是 10 年前的 2 倍，农民人均可支配收入是 10 年前的 3.33 倍，回乡创业人数是 10 年前的 4.98 倍，一批濒临衰落的历史文化村落重新焕发生机和活力。从全国范围来看，浙江省传统村落保护利用，已成为浙江省"美丽乡村的金名片，乡风文明的主阵地、农民增收致富的新引擎"[①]。通过努力，浙江省已实现传统村落"保护促利用、利用强保护"的良性循环，实现了村集体造血机能和村民增收致富能力的提升。

---

① 参见："从古到今向未来'浙'里古村再出发"，浙江省历史文化（传统）村落保护利用十周年座谈会，浙江省桐庐县，2022 年 9 月 9 日。

6.3.2　浙江省传统村落保护利用的创新实践

2020 年，浙江省农业农村厅推出面向全省的"做好二十四节气农耕文化活动组织推介促进农耕文化传承和乡村经济发展"，鼓励全省各地把传统村落农耕文化非物质文化遗产与乡村振兴工作相结合，实现保护与利用、传承与创新有机结合，融合发展。2022 年，浙江省启动了"村落里的中国"传统村落研学之旅，吸引新闻媒体、高校专家、学生团体等社会各界人士在全省各地探源传统村落，在体验淳朴民风和感受万象更新的同时，促进城乡要素双向平等流动，为传统村落保护利用的创新实践、实现"文化经济"目标搭建高质量发展的新平台。作为十年的创新实践，浙江省总结出"历史文化（传统）村落保护利用的十大模式"[①]。

浙江省传统村落保护利用十大模式蕴含了"文化经济"思想。十大模式的"模式名称、模式特点、代表村落"摘录于表 6-1。总体上看，虽然模式特点各有侧重，但是其关键点都是针对传统村落不同程度的衰败问题，在"文化经济"思想指引下，培育传统村落活化再生的能力。"功能""业态""赋能"等各种方式和途径的能力再造，体现出贯彻"文化经济"思想的"浙江经验"。

---

① 参见："从古到今向未来'浙'里古村再出发"，浙江省历史文化（传统）村落保护利用十周年座谈会，浙江省桐庐县，2022 年 9 月 9 日。

表 6-1　总结浙江省传统村落保护利用的十大模式及其"文化经济"关键点

模式序号	模式名称	模式特点	代表村落	"文化经济"关键点
一	古建活化模式	发挥优雅的传统建筑资源，通过修缮与整治建筑风貌、改造更新建筑功能，植入多元业态，提升古建利用效益，形成"以用促保"的建设模式	富阳区龙门村、浦江县新光村、武义县坛头村	活化功能；多元业态；古建新生；以用促保
二	山水养心模式	依托优美的生态自然环境，通过保持与维护村落自然格局，改善与协调村落风貌肌理，提升自然环境品质，构建"山水村筑"融合的人居系统	泰顺徐岙底村、上虞区东澄村、开化县下淤村	生态赋能；自然养心；原真价值；山水融村
三	民俗传承模式	挖掘独特的民俗文化资源，通过保护、传承及活化各类文化遗产要素，彰显村落民俗风情特色，创新"融陈拓新"的民俗传承路径	平阳县鸣山村、桐乡市马鸣村、柯城区妙源村	凝练特色；活化利用；民俗节庆；融陈拓新
四	红色寻根模式	依托丰富的红色革命遗迹，深挖、传承革命精神，发挥培根铸魂、红色赓续、特色引领，促进村落"四治融合"，探索"红绿结合"的示范模式	余姚市横坎头村、长兴县仰峰村、遂昌县桥东村桥西村	挖掘资源；特色引领；红色赓续；"红绿"结合
五	艺术赋能模式	立足浓郁的文化艺术禀赋，实施艺术人才与活动的内培外引，激活艺术特质，解码文艺基因，培育、发展村落文化艺术产业，形成"艺术乡建"的有效模式	柯城区余东村、嵊泗县花鸟村	艺术赋能；人才带动；激活特质；艺术乡建
六	文化深耕模式	依托深厚的历史文化底蕴，挖掘宗族、非遗等文化资源，结合古建修缮、旅游项目，开展多维多样的展示与宣传，营造"古今融合"的文化氛围	文成县武阳村、诸暨市斯宅村、缙云县河阳村	文化深耕；古建活化；文旅赋能；新旧共生
七	品牌牵引模式	借助多元的社会资源力量，推进"内化外引"机制，打造精品民宿、主题研学、农旅体验等具有辨识度的新兴业态，凸显品牌牵引作用，构建"浙里风韵"乡村品牌	南浔区荻港村、莲都区下南山村	品牌引领；多元业态；要素互促；共同缔造

续表

模式序号	模式名称	模式特点	代表村落	"文化经济"关键点
八	产村融合模式	发挥独特的在地产业优势,持续推进"两进两回",盘活乡村资产,吸引社会资本,推进产业转型升级,形成"农文旅融合"的发展模式	德清县燎原村、新昌县梅渚村、江山市清湖三村、玉环市上栈头村	盘活资产;要素赋能;业态升级;产村融合
九	校村共建模式	发挥学术资源与人才优势,建立村落保护利用战略合作机制,巧用科研院所智库智力支持,开展常态化在地指导,形成"校村协作"的共建模式	宁海县葛家村、黄岩区乌岩头村	校地共建;人才引领;要素广聚;培训赋能
十	片区联动模式	发挥相邻村庄区位优势和差异化资源条件,优化公共服务和配套设施,推进项目共建、资源共享、产业共促的村落集群发展,扩大"互利共赢"的联动机制	桐庐县江南镇、温岭市石塘镇	特色互补;片区联动;设施共享;集群共赢

资料来源:作者根据"从古到今向未来'浙'里古村再出发",浙江省历史文化(传统)村落保护利用十周年座谈会,浙江省桐庐县,2022 年 9 月 9 日材料整理。表中"'文化经济'关键点"一系列是作者增加。杨贵庆.习近平"文化经济"论述对中国传统村落保护利用的指引——以浙江省为例[J].中国名城,2023(10):43-47.

6.4 以"文化定桩"统领村庄规划创特色的浙江黄岩探索

6.4.1 深入挖掘文化资源,精心凝练文化主题

如果要充分发展好传统村落的"文化经济",那么就必须首先注重深入挖掘其历史文化资源,加以提炼升华。在实际工作中,要注意比较、梳理,甄别出哪些是具有独特性、不可替代性的乡村优秀传统文化资源。在此基础上,总结提炼出乡村特有的文化

内涵特征，并通过创意设计，形成具有高识别度的文化品牌。只有这样，才能为"文化经济化"打好基础。

乡村优秀传统文化特征的挖掘和凝练过程，也是传统乡村人居空间活化再生的特色塑造过程，这项工作从村庄规划一开始就要予以强调。习近平总书记指出"从规划开始强化特色"①。他指出："特别是要充分体现出农村社区的区域特点、文化特征，形成特色、注重品位、突出魅力。"他从"大的方面""小的方面"分别论述了关于塑造"特色"的要求。他指出："从大的方面来说，建设农村要注意发达地区与欠发达地区不一样，山区、平原、丘陵、沿海、岛屿不一样，城郊型与纯农业村庄也不一样。从小的方面来说，也要注意围绕特色做文章，杜绝盲目攀比，反对贪大求洋，防止照搬照抄，避免千村一面，从而让更多的村庄成为充满生机活力和特色魅力的富丽村庄，充分体现浙江新农村建设走在前列的水平，体现江南鱼米之乡、山水浙江的风采特色，体现丰厚传统民俗文化与现代文明有机融合的农村新社区水准，走出一条各具特色的整治美村、富民强村的路子。"在文化资源挖掘和特征凝练的基础上，只有通过把文化主题"转换""转译"到村庄规划和实施建设中，才能把文化主题"落地"，才能为开拓"文化经济"提供物质空间载体，也只有这样，才能使物质空间的建设具有文化"灵魂"。

在对乡村文化资源挖掘和主题凝练过程中，"文化定桩"是

---

① 习近平.之江新语[M].杭州：浙江人民出版社，2007：221.

一种十分有效的工作方法①。"文化定桩"是指通过对地方各类型文化资源进行挖掘、整理和提炼，确定乡村物质空间和精神内涵的主题，以统领乡村产业经济、社会文化和空间环境的各项实践。文化是"乡愁"的载体，更是乡村的"灵魂"。村庄的建筑与空间环境是其历史文化的外化表现，而文化传承和赓续才是乡村永续发展的内在本质。因此，对于传统村落的规划、修复和改造，首先要进行文化挖掘和定位，要寻找到村民的文化认同点，确立一个乡村独有的文化内涵，作为村庄规划和建设的特色。

自 2013 年以来，同济大学浙江台州黄岩区美丽乡村规划建设团队（以下简称"同济规划团队"）在校地密切合作的基础上，通过"文化定桩"工作方法，在浙江省台州市黄岩区西部乡村，"抢救"了一批传统村落，取得了一定成效。我们通过深入实地调研发现，凡是留存至今的老旧村落，一般都具有其自身特有的历史文化信息。这些信息呈现的方式不同，有的是通过物质方式来呈现，例如祠堂、村庙、传统院落、牌坊、古树、古桥、古井等，有的是以非物质形态呈现，例如地方传统风俗、节庆、制作工艺、戏曲等，或以传说故事代代相传，被记录于村志或地方志等相关书籍。传统村落丰富的历史文化信息，被岁月尘封，需要我们精心加以挖掘、修复和再现，从而使得传统乡村人居空间的再生具有文化灵魂。一旦传统村落物质空间具有文化灵魂，就会"活"起来，就会具有生机，就会引发城乡要素的流动，从而为村落的全面再生带来希望。经过十多年的校地合作，同济规划团队对黄岩区的

---

① 杨贵庆，吴亮，等.黄岩探索—新时代乡村振兴工作法[M].上海：同济大学出版社，2023.

图 6-2 浙江台州市黄岩区头陀镇头陀村被选为中央电视台 2023 跨年晚会拍摄场地

资料来源：作者拍摄

屿头乡沙滩村，宁溪镇乌岩头村、直街村和半山村，头陀镇的头陀村，南城街道蔡家洋村、民建村和土屿村，高桥街道瓦瓷窑村、茅畲乡下街村，以及富山乡的半山村等多个村庄开展了以"文化定桩"为统领的乡村振兴实践。其中，屿头乡沙滩村、宁溪镇乌岩头村、头陀镇头陀村等，被中央电视台 2023 跨年晚会选为拍摄场地（图 6-2）。

6.4.2 以"文化定桩"统领村庄规划——屿头乡沙滩村

屿头乡沙滩村于 2013 年被列入浙江省省级历史文化保护利用村名录。由于其历史文化信息年代久远，房屋设施破败陈旧，加上老村居民大多已搬迁到新区，在 2013 年年初同济大学规划团队来到的时候，这里已基本上成为衰败的"空心村"。

经过对村落历史文化资源系统、深入挖掘，同济规划团队提出"耕读致远"的"文化定桩"。研究发现：沙滩村自北宋工部尚书黄懋率黄姓一支从福建迁居至此，成为柔川黄氏始迁祖，耕读传家，不断发展而来。进入南宋时期，该村兴办"柔川书院"，启蒙滋育了一方子弟。有了"耕读致远"这一文化主题，沙滩村保护利用工作就有了方向。在当今全国实施乡村振兴的大潮下，是否也可以充分发挥同济大学乡村规划学科的力量，通过同济大学和黄岩区校地合作，创办乡村振兴学院来"在地化"培训乡村规划建设人才？这一想法得到了校地双方大力支持。于是，从规划一开始，就谋划利用多处闲置的公共设施建筑和场地资源（如乡卫生院旧址、供销社设施和场地、乡公所建筑大院等），植入和未来培训等相关的多种功能和配套设施，改造后建成了全国首家乡村振兴学院——"同济·黄岩乡村振兴学院"。振兴学院直接建在小山村，而且还召开了乡村规划建设国际研讨会，这是对这个村庄本身具有的"耕读致远"文化特色的新时代映照，体现出"古有柔川书院滋育一方，今看振兴学院勇立潮头"的文化自信。

沙滩村"耕读致远"的文化挖掘，形成了《耕读致远：台州沙滩村发展研究》成果 ①。该书被列入"中国村庄发展：浙江样本研究"丛书。这个丛书入选了"浙江文化研究工程成果文库"，习近平总书记为成果文库题写总序（图 6-3、图 6-4）。

---

① 王荔、杨贵庆、陶小马 . 耕读致远：台州沙滩村发展研究 [M]. 杭州：浙江大学出版社，2021.

图6-3 《耕读致远：台州沙滩村发展研究》封面
资料来源：作者提供

　　此外，屿头乡沙滩村的"太尉殿"有一个例证。经过调研发现，原来民间对此有着一个感人的故事：在宋开庆元年（1259）左右，沙滩村所在地的村民黄希旦因在县衙扑火救人伤势过重而牺牲。少年英雄不顾自身安危抢救公共财物并舍身救人的事迹，报告到当时的朝廷，被皇帝封赏官赐"太尉"。其遗体被运回埋葬乡里，村民建造"太尉殿"予以纪念。久而久之，黄希旦被当地村民奉为"太祖爷"。太尉殿建成后香火不断，每逢农历十月一日"太祖爷"生日，村民专门捐资筹款举办大型社戏活动（六天七夜）纪念。

（a）改造前

（b）改造后

图 6-4 由原乡卫生院改造而成的振兴学院
资料来源：作者提供

因此，这一历史文化信息的挖掘，成为沙滩村新的"社戏广场"这个乡村公共空间规划设计的起点，体现出当地"崇尚英雄"和"养我德行"的文化之根。

针对沙滩村太尉殿这一文化要素，规划将太尉殿大门外杂乱的场地进行整治，拆除了十几处各家各户的露天茅厕粪坑，并专门辟出场地建造一处干净、整洁、实用的公共厕所。把整备出来的用地，规划建造了一处"社戏广场"，包括一处戏台、一个石板铺砌的社戏广场，以及一个木构的休息廊（图6-5）。建成之后，

（a）改造前

（b）改造后

图6-5　屿头乡沙滩村社戏广场建成前后
资料来源：作者拍摄

吸引了沙滩村的许多居民日常活动，并为前来太尉殿活动的香客、来沙滩村旅游的游客提供一处休息游览交流之地，促进乡村融入新型的城乡关系。这个社戏广场公共空间的建造，也为沙滩村的黄氏村民祭祖活动和乡土信仰活动提供了场所，使沙滩村"柔川黄氏"的祭祖活动得以盛大举办，成为乡村文化活动的重要的空间载体（图 6-6）。它不仅有助于传统宗亲文化和乡土信仰文化的传承，增强村民的文化认同和自豪感，而且也满足了当下村民的健身旅游活动需求，有助于构建新型的乡村社会结构，提升村民的归属感和凝聚力。

图 6-6 屿头乡沙滩村"柔川黄氏"的祭祖活动场景

资料来源：屿头乡政府提供

6.4.3 以"双创"实现传统村落再生——宁溪镇乌岩头村

乌岩头古村于 2013 年被列为第二批浙江省省级历史文化村落保护利用重点村。它临溪而建，隐在群山之间。村子形制虽然秀美独特，但是问题颇多。2013 年，村民大多外出务工，此地也基本上成了"空心村"。村里有 110 间的清末民国时期的村民住宅，但是其中大多数年久失修，基本丧失了使用功能。再加上地处偏僻，经济落后，要让这样的村子恢复生机，难度确实很大。所以，乌岩头古村的保护利用规划建设，只有通过"双创"，才能实现传统村落的活态再生。

活态再生包括功能再生和环境再生。首先是功能再生，即乌岩头古村的活态再生，一定要有支撑它"活在当下"使用功能。其次是环境的再生，就是把原来不符合现代功能需求的这部分内容加以改造。无论是功能再生还是环境再生，都需要围绕一个可持续发展的目标进行。如果找一个词来描述这个可持续发展的目标，那么就是"活力"。只有乡村的环境当中、生活当中找到了自身发展的活力、内生的动力，才能够支撑传统村落传承和赓续。那么，这个活力来自哪里？它应该基于自身的乡村社会的造血机能，来自乡村的产业、乡村经济的发展和就业的提供，来自传统村落社会结构的活力，来自年轻人占比的提升。

要使乌岩头古村的内生活力得以培育，必须要打开城乡之间的割裂，必须让更多的城市人或"新村民"来到这里。那么，乡村的主题定位或"旅游品牌"必须建立起来。同济规划团队通过调查后发现，村子整体结构的特征在于民国时期它最旺盛和发展的阶段所留下的物质空间环境，它的物质空间的特征完全支撑了民国时期村子的社会空间结构和社会文化内容。基于历史的连续性特征考虑，同时基于村子未来新产业活动和经济收益的考虑，根据村子物质空间环境流动性的特点，同济规划团队在乌岩头村再生的主题下提出了"民国印象、艺术村落"这个主题定位。这是希望在今天发展的快节奏下，人们的历史记忆和文化传承，有和乌岩头古村物质空间相对应的历史和文化的认知，给予乌岩头古村一个再生的主题和灵魂。

因此，乌岩头古村未来发展的功能确定为：围绕"民国印象"主题的历史文化村落风貌保护与活化，深入挖掘当地民俗文化内涵，包括衣食住行各方面特征特色，并创造性转化、创新性发展为当下喜闻乐见的新形式和新体验；同时，围绕"民国印象"建设影视基地，引导并鼓励围绕相关题材的影视制作活动；针对空间流动特征，建设艺术村落，引导传统聚落流动空间的重塑，为艺术活动的当代性提供空间载体；此外，挖掘地方"二月二作铜锣"这一浙江省省级非物质文化遗产，建设"节庆场所"，开展基于节庆文化主题的山地环境步行体验[①]。

"双创"在乌岩头古村修复改造过程中体现在整体把握村子的空间肌理和结构的重要价值。乌岩头古村的空间结构也反映了传统农耕社会大家庭的社会关系逻辑。特别是在一个姓氏（陈姓）发展衍生的大家庭族居及其内在长幼尊卑的等级秩序，使村落住宅建筑空间布局既反映出小家庭空间单元结构的完整性，又反映出大家族团结的空间关系的连续性。这种连续性通过在院落单元

---

① 杨贵庆. 新乡土建造：一个浙江黄岩传统村落的空间蝶变[J]. 时代建筑，2019（1）：20—27.

图 6-7　乌岩头村房屋之间的连廊反映了传统大家庭的亲缘关系

资料来源：作者拍摄

之间架设连廊、建筑屋顶相连等方式呈现出来。外部空间关系的连续性，既有物质功能，又有亲缘血缘社会关系的诠释（图 6-7）。

　　但是，乌岩头古村建筑空间的整体性和外部空间的连续性所反映的传统大家族社会关系当下已经不存在了。核心家庭已经取而代之，分户单列建造村民住宅已经成为新的社会关系的真实的空间表达。对于传统村落这样的空间遗产，它的再生和活化，必须找到与这种空间关系相类似的新的社会功能，才能使修复建成之后的空间形式与新的功能之间得以互相支撑，也才能达到保护和利用传统村落的目的。因此，在"民国印象"的主题下，提出"艺术村落"这一符合流动空间特征的功能演绎，引导艺术家、艺术爱好者、各种艺术活动等聚集起来，例如建造乌凤阁广场、乡村艺术中心、"见素"艺术工坊等，能够使空间得以活化。这一规划理念和设想在后来的实践中得以实施并取得了较好的效果（图6-8）。

（a）改造前

（b）改造后

图6-8 乌岩头村乌凤阁广场

资料来源：作者拍摄

总之，"双创"是实现传统村落从衰败走向再生的重要指导思想和工作原则。因地制宜、度身定做、尊重乡土、扎根乡土的工作态度必须要一以贯之加以坚持。同时，也应当看到我国各地区社会经济发展条件不平衡，在实际工作中，各地应结合资金财力和地方乡情，把艺术人文、经济条件、地方实际等有机结合，统筹谋划。

6.5 小结

根据"生产力—空间形态"关系理论，面对我国传统乡村人居空间环境的功能失衡和空间失衡，要实现传统乡村人居空间的活化再生，必须要以"创造性转化、创新性发展"为指引，为传统乡村人居空间形态定义并建构新的生产关系和社会结构，以此指导空间形态的有机更新，使乡村人居空间的历史性与现代性共生，让传统村落"活"在当下，并且活跃于当下。

要实现传统乡村人居空间活态再生，必须要培育其自身动能和活力，要把传统村落的历史文化保护和利用相结合，以习近平总书记"文化经济"思想为指引，辩证统一看待"文化"与"经济"。通过城乡要素的互动互促，更好地实现传统村落的文化价值向经济效益转化。

本章还归纳了近十年来浙江省传统村落保护利用取得的创新实践成效，以笔者率领的同济规划团队十年来开展的在地化乡村更新实践为例，通过屿头乡沙滩村和宁溪镇乌岩头古村两个案例介绍，进一步强调"文化定桩"和"创造性转化、创新性发展"

对于传统村落有机更新的重要性。

　　在当前我国实施乡村振兴战略的背景下，传统乡村人居的保护和利用迎来了历史性机遇。正确对待传统乡村人居的新与旧，正确处理好保护与利用的关系，科学把握历史文化的内涵实质，对于做好传统乡村人居的传承、更新和发展至关重要。

第 7 章　结论与展望

7.1 结论

行文至此，关于传统乡村人居空间演进的探讨已告一段落。除了"绪论"之外，全书分别从理论建构、特征解析、原因探究等方面的铺垫，提出关于我国传统乡村人居空间演进的历史分析观察，并以"乡村进化"为指引，对传统乡村人居空间的活化再生作了思考和建议。以下根据分章顺序，对本书的结论再做几点归纳。

7.1.1 "生产力—空间形态"关系理论可以用来解释传统乡村人居空间演进的特征

生产力决定生产关系，生产关系决定社会结构，社会结构决定空间形态，因此，空间形态是社会结构的产物，是生产关系的反映，是生产力的空间呈现。生产力与空间形态之间具有内在的逻辑关系，以此建构"生产力—空间形态"关系理论模型，用以解释物质空间表象背后生产力发展阶段的深刻原因，可以解释传统乡村人居空间演进的客观规律。

7.1.2 传统乡村人居空间形态是其经济社会条件的系统性的物化呈现

根据"生产力—空间形态"关系理论，我国传统乡村人居空间是传统农业社会生产力、生产关系和社会结构的物质载体。其空间形态反映了当时当地先民对于社会经济条件的系统性思维，其整体性空间表象特征反映了其深刻的社会学内涵。各种样式的

"合院"空间形态成为我国大部分地区传统农耕时代社会结构的最优解。当然，正是我国长期传统农耕时代和封建社会制度形成的高稳定性、高识别性的传统乡村人居空间形态，一旦面向农业生产力巨大变革时，它们所呈现的高度不适应，也是一种客观必然。

7.1.3 传统乡村人居空间形态衰败是工业化、城镇化等综合因素带来冲击的客观必然的结果

当下我国各地传统乡村人居空间形态的普遍衰败，遵循了"生产力—空间形态"关系理论的内在逻辑。其普遍衰败的根本原因是传统农业生产力水平发生了质的变化。在近现代工业化、城镇化等综合因素的推动下，传统乡村人居空间形态已经缺失了其表象下的社会结构、生产关系和生产力基础。我国传统乡村高度发达的传统手工业及其所维系的社会结构，被现代工业化和城镇化所形成的标准化生产和市场化规模效应所击垮，从而导致其普遍衰败。这是经济社会发展过程中的客观必然。

7.1.4 乡村进化反映了传统乡村人居空间演进的必然要求和时代命题

从"生产力—空间形态"关系理论来看，传统乡村人居空间形态演进是一种历史客观必然。我们已经看到了其普遍衰败的消极演进的一面，但是我们也可以运用"生产力—空间形态"关系理论，对传统乡村人居空间形态加以积极引导，促进其积极演进。对于传统乡村人居空间形态的积极引导，既是时代命题，又具有可行性。在新的城乡融合关系视角下为传统乡村人居空间重新定

义新的生产力、新的生产关系和新的社会结构，建立新的乡村经济社会功能与空间形态之间的对应关系，从而实现传统乡村人居空间的进化，进而实现乡村进化。从"乡村进化"的历史观来科学看待我国传统乡村人居空间演进，对于创造性转化、创新性发展传统乡村人居空间形态具有理论指引和路径导向作用。

7.1.5　创造性转化、创新性发展是传统乡村人居空间活化再生的必由之路

为了使我国传统乡村人居空间形态能够支撑新时代的生产力、生产关系和新的社会结构，必须对原有的空间形态在保护的前提下加以科学合理、系统化的改造。这种改造必须要通过"创造性转化、创新性发展"来实现。这种"创造性转化"的功能导向，应当以"文化经济"思想为指引，把乡村的产业经济、社会文化和空间环境"三位一体"整体统筹谋划，通过城乡要素的互动互促，为传统乡村人居空间形态定义并建构新的生产关系和社会结构，并以此指导空间形态的有机更新。这种"创新性发展"的目标导向，应当在坚守保护和传承优秀传统文化遗产这一原则的基础上，通过活化和利用，在提升乡村宜居性的基础上，最终实现消除城乡宜居性差别的目标。把传统乡村人居的历史性、当代性有机结合，并引向未来。

7.2　展望

在当前我国实施乡村振兴战略的背景下，传统乡村人居空间

的保护和利用迎来了历史性机遇。正确对待传统乡村人居的新与旧，正确处理好保护与利用的关系，科学把握历史文化的内涵实质，对于做好传统乡村人居的传承、更新发展至关重要。

展望未来，我国传统乡村人居空间将会有怎样的发展趋势？在"乡村进化"的历史进程中，它在未来我国新型城乡关系中将扮演怎样的角色？如何把握好我国乡村人居空间演进的规律，积极保护和引导传统村落融入城乡融合发展的新型城镇化大趋势并促进乡村全面振兴？笔者认为至少有以下方面的可能性。

7.2.1　传统村落将成为一种开放的、独特的人文"课堂"

纵观我国璀璨丰富的传统村落历史文化瑰宝，它们犹如展开在祖国大地上的历史文化典籍，真实记录和展示着源远流长的中华文明历史。保护传承并利用好传统村落历史文化资源，就可能使其成为一种开放的、独特的人文课堂，成为广大青少年了解历史、学习传统文化的生动场所。

我国传统村落作为一种开放的、独特的人文课堂，既有必要性，也有可能性。其必要性是，作为我国传统村落保护利用的重要目的之一，要通过保护和利用好传统村落物质文化和非物质遗产资源，守护好中华文明"基因"，讲述好中国故事，坚定文化自信。因此，我国传统乡村人居空间，尤其是冠以"中国传统村落""历史文化名村"等国家、省级称号的村落，还有那些虽然没有称号，但拥有各级文物保护单位的村落，都是我国乡村历史文化瑰宝的有机组成，承担着传承历史、赓续文明的重要责任，有必要成为展示历史文化的物质载体；其可能性是，各地传统村落的历史文化资源丰富独特，蕴藏了大量历史人文故事和诗词文化经典，本身就具有很高的历史知识、文学知识、建筑知识和生态知识等多元价值，可以为青少年的知识学习提供生动的校外课堂。笔者建议以县（市、区）为单位，统筹协调辖区内各类传统村落人文课堂，把辖区内中小学（以小学生为主，也可以面向初中生）的"校外一课"安排好。这也将提高各乡镇和村保护利用传统村落的积极性，并为村里定期带来"流量"，也将会促进乡村文化振兴和产业振兴。

把传统村落作为一种开放的、独特的人文课堂，为我国传统村落保护和利用指出了行动方向。例如，针对开展"校外课堂"的"研学"活动的需要，传统村落历史建筑和空间环境改造提升就可以采取针对性的方法，组织参观学习的流线，考虑配置规模适宜的小班化讨论室（教室大小因建筑场地条件而异），也可以设置人文讲堂报告厅，还可以考虑配置就餐场所（恰好可以展示当地的特色小吃），以及文创纪念品销售、休闲商业空间、公共厕所、停车场地等一系列设施。当然，为了保障有效实施，还需要成立村集体经营团队，招聘讲解人才，为有志于传播中华传统文化的年轻人提供具有较好收益的就业岗位，并与邻近高校建立人文讲堂共建联盟，组织开展多层次的"大师讲座"和面向社会各界的人文活动。一旦效益样本建立起来，那么，就能提振所有参与主体的信心，实现可持续发展。

在创建传统"人文课堂"的理念指引下，传统村落整体空间改造提升就有了一个大方向，以保护为前提的利用，通过"创造性转化、创新性发展"，既能够充分发挥传统村落独特历史文化资源优势，又可以"恰到好处"地活化再生传统空间功能。

　　总之，把传统村落作为一种开放的、独特的人文课堂，将是我国传统村落空间演进的一个积极方向，前景生动而美好。试想，等到有一天，家长带着孩子、老师带着学生去传统村落旅行，成为一种传统文化之旅，满载人文精神而归，那将是一种多么高级的状态！

7.2.2　我国传统乡村人居空间将成为"新农人"的"诗和远方"

　　"新农人"是指那些原先不住在农村，但因各种目标追求而到农村创业和生活的人。随着我国实施乡村振兴战略的进程不断推进，加上乡村人居环境品质的不断改善，越来越多的"新农人"以不同方式、不同程度融入乡村生产生活，这给一些本来凋敝的传统村落带来了生机。

　　"新农人"选择传统村落作为他们的创业和生活场所，其中的主要原因是乡村所处的优越自然环境条件和传统村落历史文化人文底蕴的魅力。一方面，四季变化的田园风光、层峦叠嶂的山水景观、负氧离子密集的森林"氧吧"，"采菊东篱下、悠然见南山"的人文意境，等等，成为"新农人"的"诗和远方"；另一方面，传统村落独特的历史人文内涵，以及它们所依托的具有地方特色的历史建筑和传统民居的空间载体，成为当今文化创意活动的独特背景。换言之，那些文创类产业活动只有在传统村落大宅子的院落空间环境下举办，才更加应景和高端，才更有地方文化"味儿"，才能凸显文创活动的情境追求。传统村落的历史文化环境，为"新农人"的创业和生活提供了理想的"舞台"。

　　从生活方式的选择来说，当今大城市一些"财务自由"的人群，在经历了"早九晚五"等约束条件下的生活压力之后，也许更向往乡村的"诗和远方"。当代城乡生活方式的多样化、社会价值观的多元化和包容性，让更多年轻人自由选择未来人生的状态，甚至在某个人生阶段"放空"身心，带着"远走他乡"或"隐居山林"的好奇心或决心而离开大城市，远赴气候条件适宜的乡村环境。当然，借以现代网络通信和高铁交通等便捷条件，这种"城—乡"之间的转换是自由的，比起古人的远游要方便得多。但从乡村社会结构的重塑上来看，不管"新农人"定居多长时间，他们都将形成乡村新的生产关系和社会结构。这对于当今我国传统乡村人居空间的演进，其影响和意义是深刻的。如果"新农人"不断集聚而长期定居生活，那么，这些"新农人"及其他们的孩子，会遇到就医和上学等方面的需求。此外，这些地方也将面对乡村治理的新挑战。

　　当然，"新农人"也不光是从事文化创意相关产业的人，他们的从业类型和状态是多样的。由于科学技术的发展，农业（或其某个方面）可能成为在收入方面具有竞争力的产业，从而吸引一些人成为新时代的职业农民。此外，一些"新农人"也许只是倾向在某个时段休闲度假于乡村，可能什么也不做，寄情山水和"无所事事"。也许他们当中有的已经退休，健康尚可，也许早年在农村长大，在经历了大半辈子的机构工作之后，希望重温心底对土地的某种眷恋。

　　总之，不管"新农人"来自何方或从事何种职业类型，他们最终都选择了乡村成为"新农人部落"。这对于我国传统乡村人居空间的演进，对于创造性转化和创新性发展传统村落，都是一种积极的推动力。

7.2.3 兼具消费功能的乡村时代的来临

从农业生产力发展的进程来看，随着农业生产力水平的不断提升，传统农业的纯粹生产性功能，将发展到兼具消费性功能，即兼具消费功能的乡村时代正在来临[①]。

所谓农业"生产性功能"，是指以生产粮食等作物为目的的劳动力自身的投入。"兼具消费功能"，是指除了农业的生产性功能之外，还可以吸引外在的活动以消费的方式而产生附加收益。例如，农业种植是生产性功能，但是油菜花季节吸引观光旅游，游客产生了餐饮住宿等消费，给村民带来了额外收入，就是消费性功能。又如，种植草莓或柑橘是农业生产性功能，但是吸引游客采摘活动产生了一系列消费，就是消费性功能。

从"生产性功能"到"兼具消费功能"，从本质上来说是从"第一产业"直接到"第三产业"。这一过程，颠覆了传统经济学理论的范式，即第一产业发展到第二产业，由第二产业发展壮大之后培育第三产业。现代交通、通信技术的发展，使第一产业到第三产业成为可能。这一认识，为传统农业地区的产业经济实现转型升级提供了理论指导。这一认识也印证了习近平总书记提出的"绿水青山就是金山银山"的"两山"理论，为经济落后地区的

---

① FRANK K I, HIBBARD M. Rural Planning in the Twenty-First Century: Context-Appropriate Practices in a Connected World[J]. Journal of Planning Education and Research, 2017, 37(3): 299-308.

现代农业发展提供了思路。

"兼具消费功能"的农业生产，对其邻近的传统乡村人居空间演进提供了历史性机遇。由于观光休闲农业类型的发展，吸引外来游客，那么，为旅游配套的服务设施建设，就可以通过邻近的传统乡村人居空间来提供。传统乡村人居空间的改造提升，就可以为游客的旅游消费提供相应的设施和场地。事实上，传统村落本身的历史文化人文资源，可以和乡村农业景观旅游相结合，相得益彰。在当下，我国不少地区乡村旅游蓬勃发展，正是乡村特色农业景观和传统村落文化旅游的共同作用。这为乡村产业振兴提供了新路径。

当今"兼具消费功能"的乡村时代，是在城乡要素双向流动的基础上实现的。借以现代网络和交通工具，一方面，乡村的农业景观、自然环境和传统村落历史人文特色向乡村之外全面传播，使本来相对偏僻的、闭塞的乡村风貌为世人所知晓；另一方面，城市所蕴藏的巨大消费需求得以流向乡村，寻求与城市快节奏和相对冷漠的都市环境所不同的乡村自然和文化体验。

总之，"兼具消费功能"的乡村时代将为我国传统乡村人居空间演进提供新动能，为传统乡村人居空间的改造提升提供新思路。把"兼具消费功能"所带来的城市要素融入传统村落的"双创"过程，是机遇也是挑战。

7.2.4 数字乡村：未来乡村的景象

再回到本书关于"生产力—空间形态"关系理论，未来乡村的生产力水平将是怎样的景象？它又将如何作用于空间形态的转变？毫无疑问，数字技术的日新月异，为未来乡村的景象描述提供了无限可能性。

首先，数字技术广泛应用于农业生产，将进一步促进农业生产力发展，从而进一步改变农村的生产关系和社会结构，进而加速传统乡村人居空间演进趋势。农业数字技术在进一步"解放"农村劳动力的同时，对从事现代农业生产人群的文化素质和技术水平提出了更高要求，从而将促进新一代职业农民群体的发展壮大。现代农业和现代农民都将不会是过去的概念，特别是现代职业农民，不再是过去困囿于土地上的一代人，而具有了充分的流动性，他们对于居住环境的需求也将不同，这对传统乡村人居空间的功能和形态提出了新要求。

其次，数字技术广泛应用于农村生产生活，将进一步促进城乡要素双向流动，建立生产内容与消费对象之间更为紧密的联系，促进一个更加广泛的市场网络。例如，当前在一些地方，农村直播销售平台使地方特色农产品、水产品等和消费者之间建立了面对面的联系，使乡村产品的销售获得了较高的利润，提升了农业职业的收入竞争力，这将更加促进更多年轻人回乡村或到乡村创业生活。未来乡村生活方式的变化，对传统乡村人居空间的功能和形态重塑提出了新课题。

再者，随着更强大的数字技术发明创造和广泛应用，城乡连接将更加频繁、更加有效，将促进更多城市要素流向乡村。随着农村土地产权和房屋权属的创造性改革推进，在农民资产权益受到保障的前提下，通过对传统乡村人居空间实施"双创"，将激活乡村房屋资产价值，吸引更多"新农人"在乡村"旅居"消费，从而提升农民收入，实现全社会共同富裕。

总之，作为未来乡村的新图景，数字赋能乡村发展，将为传统乡村人居空间的演进注入持续发展动力，为消除我国城乡收入差距起到基础性作用。

参考文献

[1] 杨贵庆. 乡村进化: 从"生产力—空间形态"关系理论看传统乡村人居空间活态再生 [J]. 同济大学学报(社会科学版), 2022, 33(6): 66-73.

[2] 丁俊清, 杨新平. 浙江民居 [M]. 北京: 中国建筑工业出版社, 2009.

[3] 单德启. 安徽民居 [M]. 北京: 中国建筑工业出版社, 2009.

[4] 杨贵庆. 我国传统聚落空间整体性特征及其社会学意义 [J]. 同济大学学报(社会科学版), 2014(3): 60-68.

[5] 中华人民共和国住房和城乡建设部, 中华人民共和国文化部, 国家文物局, 等. 住房城乡建设部、文化部、国家文物局、财政部关于开展传统村落调查的通知 [EB/OL]. (2012-04-16). https://www.mohurd.gov.cn/gongkai/zhengce/zhengcefilelib/201204/20120423_209619.html.

[6] 杨贵庆, 戴庭曦, 王祯, 等. 社会变迁视角下历史文化村落再生的若干思考 [J]. 城市规划学刊, 2016(3): 45-54.

[7] 中共浙江省委办公厅, 浙江省人民政府办公厅. 关于加强历史文化村落保护利用的若干意见 [EB/OL]. (2012-04-11). http://www.zjcx.gov.cn/art/2012/11/13/art_1229518377_3712443.html.

[8] 王文卿. 民居调查的启迪 [J]. 建筑学报, 1990(4): 56-58.

[9] 彭一刚. 传统村镇聚落景观分析 [M]. 北京: 中国建筑工业出版社, 1994.

[10] 魏挹澧, 方咸孚, 王齐凯, 等. 湘西城镇与风土建筑 [M]. 天津: 天津大学出版社, 1995.

[11] 东南大学建筑系, 歙县文物管理所. 渔梁 [M]. 南京: 东南大学出版社, 1998.

[12] 东南大学建筑系, 歙县文物管理所. 瞻淇 [M]. 南京: 东南大学出版社, 1996.

[13] 陆元鼎. 中国传统民居与文化——中国民居学术会议论文集 [M]. 北京: 中国建筑工业出版社, 1991.

[14] 刘沛林. 古村落: 和谐的人聚环境空间 [M]. 上海: 上海三联书店, 1997.

[15] 李秋香. 中国村居 [M]. 天津: 百花文艺出版社, 2002.

[16] 孙大章. 中国民居研究 [M]. 北京: 中国建筑工业出版社, 2004.

[17] 单德启. 从传统民居到地区建筑 [M]. 北京: 中国建材工业出版社, 2004.

[18] 陈志华, 楼庆西, 李秋香. 新叶村 [M]. 石家庄: 河北教育出版社, 2003.

[19] 赵燕 . 我国乡村文化资源的创造性保护与传承 [J]. 大舞台, 2013（4）: 254-255.

[20] 龚恺 . 晓起 [M]. 南京: 东南大学出版社, 2001.

[21] 李立 . 乡村聚落 形态、类型与演变: 以江南地区为例 [M]. 南京: 东南大学出版社, 2007.

[22] 刘森林 . 中华聚落: 村落市镇景观艺术 [M]. 上海: 同济大学出版社, 2011.

[23] 费孝通 . 江村经济: 中国农民的生活 [M]. 南京: 江苏人民出版社, 1986.

[24] 费孝通 . 乡土中国 [M]. 北京: 北京出版社, 2005.

[25] LEFEBVRE H. The Production of Space[M]. Cornwall: Wiley-Blackwell, 1991.

[26] 杨贵庆, 关中美 . 基于生产力生产关系理论的乡村空间布局优化 [J]. 西部人居环境学刊, 2018, 33（1）: 1-6.

[27] 杨贵庆, 蔡一凡 . 浙江黄岩乌岩古村传统村落空间结构与家族社会关联研究 [J]. 规划师, 2020, 36（3）: 58-64.

[28] 仇保兴 . 生态文明时代的村镇规划与建设 [J]. 中国名城, 2010（6）: 4-11.

[29] 夏宝龙 . 美丽乡村建设的浙江实践 [J]. 求是, 2014（5）: 6-8.

[30] 吕效华 . 变迁语境下农村文化可持续发展路径选择 [J]. 科学社会主义, 2014（1）: 81-84.

[31] 常青 . 第一届豪瑞奖亚太区金奖: 杭州来氏聚落再生设计 [J]. 世界建筑, 2016（12）: 42-45+136.

[32] 杨贵庆, 开欣, 宋代军, 等 . 探索传统村落活态再生之道——浙江黄岩乌岩头古村实践为例 [J]. 南方建筑, 2018（5）: 49-55.

[33] 罗德胤 . 乡土聚落研究与探索 [M]. 北京: 中国建材工业出版社, 2019.

[34] 杨贵庆 . 从“住屋平面”的演变谈居住区创作 [J]. 新建筑, 1991（2）: 23-27.

[35] 张兵 . 城乡历史文化聚落——文化遗产区域整体保护的新类型 [J]. 城市规划学刊, 2015（6）: 5-11.

[36] 原广司 . 世界聚落的教示 100[M]. 于天祎, 刘淑梅, 马千里, 译 . 北京: 中国建筑工业出版社, 2003.

[37] 藤井明 . 聚落探访 [M]. 宇晶, 译 . 北京: 中国建筑工业出版社, 2003.

[38] 常青, 沈黎, 张鹏, 等 . 杭州来氏聚落再生设计 [J]. 时代建筑, 2006（2）: 106-109.

[39] 杨贵庆 . 城乡规划学基本概念辨析及学科建设的思考 [J]. 城市规划, 2013, 37（10）: 53-59.

[40] 杨贵庆. 可持续发展语境下的城市批评 [J]. 同济大学学报（社会科学版），2012（6）：25–31.

[41] 马文保. 现状与问题：马克思"生产力与生产关系的关系"思想研究 [J]. 兰州学刊，2017（1）：89–94.

[42] 中共中央马克思恩格斯列宁斯大林著作编译局. 马克思恩格斯选集（第 1 卷）[M]. 北京：人民出版社，1995.

[43] 杨贵庆，蔡一凡. 传统村落总体布局的自然智慧和社会语义 [J]. 上海城市规划，2016（4）：9–16.

[44] 李长杰. 桂北民间建筑 [M]. 北京：中国建筑工业出版社，1990.

[45] 茂木计一郎. 天井的居住空间 [J]. 住宅建筑，1986（3）：20–29.

[46] 刘畅. 北京紫禁城 [M]. 北京：清华大学出版社，2009.

[47] 王兴满. 走进前童 [M]. 北京：中国文史出版社，2006.

[48] 木寺安彦. 客家民居的聚居空间 [J]. 住宅建筑，1987（3）：4–20.

[49] 一丁，雨露，洪涌. 中国古代风水与建筑选址 [M]. 石家庄：河北科学技术出版社，1996.

[50] 贾珺. 北京四合院 [M]. 北京：清华大学出版社，2009.

[51] 佚名. 圆形土楼住居 [J]. 住宅建筑，1987（3）：50–65

[52] 平湖莫氏庄园陈列馆. 莫氏庄园 [M]. [出版地不详]：[出版者不详]，1999.

[53] 张成德，范堆相. 晋商宅院——乔家 [M]. 太原：山西人民出版社，1997.

[54] 稻次敏郎，水野雅生. 土楼住居与生活 [J]. 住宅建筑，1987（3）：80–85.

[55] 格利高里，厄里. 社会关系与空间结构 [M]. 谢礼圣，吕增奎，等译. 北京：北京师范大学出版社，2011.

[56] 刘克宏. 壮丽 70 年：1958 年，人民公社席卷神州大地 [EB/OL]. （2019–08–12）. http://www.803.com.cn/2019/08/12/99613705.html.

[57] 程婧如. 作为政治宣言的空间设计——1958—1960 中国人民公社设计提案 [J]. 新建筑，2018（5）：29–33.

[58] 中华人民共和国住房和城乡建设部，中华人民共和国文化和旅游部，国家文物局，等. 住房和城乡建设部等部门关于公布第五批列入中国传统村落名录的村落名单的通知 [EB/OL]. （2019–06–06）. https://www.mohurd.gov.cn/gongkai/zhengce/zhengcefilelib/201906/20190620_240922.html.

[59] 郝之颖. 我国传统村落状况总体评价及几点思考：基于数据库的判识分析 [J]. 中国名城，2017（12）：4–13.

[60] FRANK K I, HIBBARD M. Rural Planning in the Twenty-First Century: Context-Appropriate Practices in a Connected World[J]. Journal of Planning Education and Research, 2017, 37(3): 299–308.

[61] 杨贵庆. 城乡共构视角下的乡村振兴多元路径探索 [J]. 规划师, 2019, 35(11): 5–10.

[62] 杨贵庆. 社会管理创新视角下的特大城市社区规划 [J]. 规划师, 2013(3): 11–17.

[63] 南晶娜. 特色保护类村庄创客空间的场所营造研究——以浙江黄岩沙滩村为例 [D]. 上海: 同济大学, 2022.

[64] 习近平. 之江新语 [M]. 杭州: 浙江人民出版社, 2007.

[65] 熊梅. 中国传统村落的空间分布及其影响因素 [J]. 北京理工大学学报（社会科学版）, 2014(5): 153–158.

[66] 杨贵庆. 有村之用: 传统村落空间布局图底关系的哲学思考 [J]. 同济大学学报（社会科学版）, 2020, 31(3): 60–68.

[67] 杨贵庆, 肖颖禾. 文化定桩: 乡村聚落核心公共空间营造——浙江黄岩屿头乡沙滩村实践探索 [J]. 上海城市规划, 2018(6): 15–21.

[68] 杨贵庆, 吴亮, 等. 黄岩探索——新时代乡村振兴工作法 [M]. 上海: 同济大学出版社, 2023.

[69] 吴亮, 王先知, 里雨曦. 黄岩报告: 乡村振兴工作法 [J]. 财经国家周刊, 2018(7): 22–33.

[70] 王荔, 杨贵庆, 陶小马. 耕读致远: 台州沙滩村发展研究 [M]. 杭州: 浙江大学出版社, 2021.

[71] 杨贵庆. 新乡土建造: 一个浙江黄岩传统村落的空间蝶变 [J]. 时代建筑, 2019(1): 20–27.

[72] 杨贵庆. 习近平"文化经济"论述对中国传统村落保护利用的指引——以浙江省为例 [J]. 中国名城, 2023(10): 43–47.

[73] 虞敏行, 池太宁. 千年茅畲 [M]. 北京: 中国文史出版社, 2013.

[74] 杨贵庆, 等. 黄岩实践——美丽乡村规划建设探索 [M]. 上海: 同济大学出版社, 2015.

[75] 杨贵庆, 等. 农村社区——规划标准与图样研究 [M]. 北京: 中国建筑工业出版社, 2012.

[76] 韩长斌. 走向振兴的中国村庄 [M]. 北京: 人民出版社, 2022.

后　记

　　两年前应《同济大学学报（社会科学版）》编辑之邀而撰写的论文《乡村进化：从"生产力—空间形态"关系理论看传统乡村人居空间活态再生》，发表后不久，笔者就打算扩写论文形成专著。经过一番努力，今天书稿终于要送交付梓，内心喜悦油然而生。

　　促使自己笔耕不辍的动力，不仅来自内心对这个话题的兴趣，而且也来自作为城乡规划领域科研工作者的一种使命感。在当今我国实施乡村振兴战略、推进乡村全面振兴的时代大潮下，传统乡村人居空间特别是传统村落的保护、传承和利用，获得历史性的发展机遇，取得令人瞩目的成就，同时也面临严峻挑战，遭遇被破坏的窘境。只有建立科学系统的认知观念，从历史发展的维度把握传统乡村人居空间演进的特征规律，才能更加科学合理地运用规划设计方法指导实践。通过创造性转化、创新性发展，使传统乡村人居空间的历史性和当代性共生，使传统村落既拥有其核心价值和地方特色风貌，又具有内生动力而生活在当下，并引向美好未来。

　　在本书付梓之际，感恩之心也油然而生。

　　感谢《同济大学学报（社会科学版）》的约稿和编辑的辛勤工作！如果没有之前的论文开篇，就难以有后续的跟进。感谢同济大学出版社的领导和编审，感谢本书的责任编辑荆华女士和美术编辑！感谢王丽瑶博士研究生为本书参考文献所做的资料整理工作，感谢王艺铮女士的编务协助。

本书中的一手案例资料来自笔者主持的浙江省台州市黄岩区乡村规划建设实践项目。在此要感谢黄岩区委、黄岩区人民政府和职能部门的长期以来的关心和支持，感谢黄岩区屿头乡、宁溪镇、头陀镇、茅畲乡等乡、镇、村的共同努力！感谢多年来团队不同阶段师生的共同参与！

本研究得到国家自然科学基金委员会的资助。一是笔者主持已完成的国家自然科学基金面上项目"乡村聚落空间布局优化理论与规划方法研究——以浙江地区为例"（项目批准号：51878459）；二是笔者主持正开展的国家自然科学基金面上项目"乡村聚落空间分异机制及规划调控研究——以浙江地区为例"（项目批准号：52378067）。感谢国家自然科学基金项目为本研究提供支持！

关于我国传统乡村人居空间特别是传统村落的研究，学术界不断涌现出优秀研究成果，学界前辈开山引路，学界同侪真知灼见。此次笔者尝试以"乡村进化论"为起头探索我国传统乡村人居空间演进，虽然做出了一点努力，但由于认识上和工作上的不足，可能还存在一些不妥甚至谬误，恳请各位方家不吝批评指正！

同济大学建筑与城市规划学院
教授、博士生导师
2024 年 8 月 3 日